世界各国
页岩气
发展战略
研究

"十三五"国家重点图书

中国能源新战略—— 页岩气出版工程

国家出版基金项目
NATIONAL PUBLICATION FOUNDATION

主编: 林 珏

华东理工大学出版社
EAST CHINA UNIVERSITY OF SCIENCE AND TECHNOLOGY PRESS
·上海·

上海高校服务国家重大战略出版工程资助项目

图书在版编目（CIP）数据

世界各国页岩气发展战略研究/林珏主编. —上海：
华东理工大学出版社,2017.11
（中国能源新战略：页岩气出版工程）
ISBN 978 - 7 - 5628 - 5253 - 7

Ⅰ.①世…　Ⅱ.①林…　Ⅲ.①油页岩资源-研究-世
界　Ⅳ.①TE155

中国版本图书馆 CIP 数据核字（2017）第 267682 号

内容提要

本书主要介绍世界各国的页岩气发展战略。全书共分六篇十二章,第一篇概论,分两章。第一章绪论;第二章考察全球页岩气资源与开发状况。第二篇至第五篇共八章,分别探讨了北美地区(美国、加拿大、墨西哥)、欧洲地区(欧盟、其他欧洲地区)、拉美地区、亚太地区(中国与亚太其他国家——日本、韩国、印度、巴基斯坦、澳大利亚、印度尼西亚)页岩气发展战略,包括这些地区或国家页岩发展战略的出台背景、内容、实施及效果、存在问题以及发展前景。第六篇评述与建议,分两章,第十一章对世界各国页岩气发展战略进行评述及效果分析,第十二章为对中国页岩气发展战略提出建议。

本书可为从事页岩气勘探开发的专家及学者提供政策指导及支持,具有很高的参考价值。

....

项目统筹 / 周永斌　马夫娇

责任编辑 / 李芳冰

书籍设计 / 刘晓翔工作室

出版发行 / 华东理工大学出版社有限公司

　　　　　地　址: 上海市梅陇路 130 号,200237

　　　　　电　话: 021 - 64250306

　　　　　网　址: www.ecustpress.cn

　　　　　邮　箱: zongbianban@ecustpress.cn

印　　刷 / 上海雅昌艺术印刷有限公司

开　　本 / 710 mm×1000 mm　1/16

印　　张 / 17.5

字　　数 / 279 千字

版　　次 / 2017 年 11 月第 1 版

印　　次 / 2017 年 11 月第 1 次

定　　价 / 108.00 元

....

总序一

能源矿产是人类赖以生存和发展的重要物质基础，攸关国计民生和国家安全。推动能源地质勘探和开发利用方式变革，调整优化能源结构，构建安全、稳定、经济、清洁的现代能源产业体系，对于保障我国经济社会可持续发展具有重要的战略意义。中共十八届五中全会提出，"十三五"发展将围绕"创新、协调、绿色、开放、共享的发展理念"展开，要"推动低碳循环发展，建设清洁低碳、安全高效的现代能源体系"，这为我国能源产业发展指明了方向。

在当前能源生产和消费结构亟须调整的形势下，中国未来的能源需求缺口日益凸显。清洁、高效的能源将是石油产业发展的重点，而页岩气就是中国能源新战略的重要组成部分。页岩气属于非传统（非常规）地质矿产资源，具有明显的致矿地质异常特殊性，也是我国第172种矿产。页岩气成分以甲烷为主，是一种清洁、高效的能源资源和化工原料，主要用于居民燃气、城市供热、发电、汽车燃料等，用途非常广泛。页岩气的规模开采将进一步优化我国能源结构，同时也有望缓解我国油气资源对外依存度较高的被动局面。

页岩气作为国家能源安全的重要组成部分，是一项有望改变我国能源结构、改变我国南方省份缺油少气格局、"绿化"我国环境的重大领域。目前，页岩气的开发利用在世界范围内已经产生了重要影响，在此形势下，由华东理工大学出版社策划的这套页岩气丛书对国内页岩气的发展具有非常重要的意义。该丛书从页岩气地质、地球物理、开发工程、装备与经济技术评价以及政策环境等方面系统阐述了页岩气全产业链理论、方法与技术，并完善了页岩气地质、物探、开发等相关理论，集成了页岩气勘探开发与工程领域相关的先进技术，摸索了中国页岩气勘探开发相关的经济、环境与政策。丛书的出版有助于开拓页岩气产业新领域、探索新技术、寻求新的发展模式，以期对页岩气关键技术的广泛推广、科学技术创新能力的大力提升、学科建设条件的逐渐改进，以及生产实践效果的显著提高等，能产生积极的推动作用，为国家的能源政策制定提供积极的参考和决策依据。

我想，参与本套丛书策划与编写工作的专家、学者们都希望站在国家高度和学术前沿产出时代精品，为页岩气顺利开发与利用营造积极健康的舆论氛围。中国地质大学（北京）是我国最早涉足页岩气领域的学术机构，其中张金川教授是第376次香山科学会议（中国页岩气资源基础及勘探开发基础问题）、页岩气国际学术研讨会等会议的执行主席，他是中国最早开始引进并系统研究我国页岩气的学者，曾任贵州省页岩气勘查与评价和全国页岩气资源评价与有利选区项目技术首席，由他担任丛书主编我认为非常称职，希望该丛书能够成为页岩气出版领域中的标杆。

让我感到欣慰和感激的是，这套丛书的出版得到了国家出版基金的大力支持，我要向参与丛书编写工作的所有同仁和华东理工大学出版社表示感谢，正是有了你们在各自专业领域中的倾情奉献和互相配合，才使得这套高水准的学术专著能够顺利出版问世。

中国科学院院士

2016年5月于北京

总序

二

进入21世纪,世情、国情继续发生深刻变化,世界政治经济形势更加复杂严峻,能源发展呈现新的阶段性特征,我国既面临由能源大国向能源强国转变的难得历史机遇,又面临诸多问题和挑战。从国际上看,二氧化碳排放与全球气候变化、国际金融危机与石油天然气价格波动、地缘政治与局部战争等因素对国际能源形势产生了重要影响,世界能源市场更加复杂多变,不稳定性和不确定性进一步增加。从国内看,虽然国民经济仍在持续中高速发展,但是城乡雾霾污染日趋严重,能源供给和消费结构严重不合理,可持续的长期发展战略与现实经济短期的利益冲突相互交织,能源规划与环境保护互相制约,绿色清洁能源亟待开发,页岩气资源开发和利用有待进一步推进。我国页岩气资源与环境的和谐发展面临重大机遇和挑战。

随着社会对清洁能源需求不断扩大,天然气价格不断上涨,人们对页岩气勘探开发技术的认识也在不断加深,从而在国内出现了一股页岩气热潮。为了加快页岩气的开发利用,国家发改委和国家能源局从2009年9月开始,研究制定了鼓励页岩气勘探与开发利用的相关政策。随着科研攻关力度和核心技术突破能力的不断提高,先后发现了以威远-长宁为代表的下古生界海相和以延长为代表的中生界陆相等页岩气田,特别是开发了特大型焦石坝海相页岩气,将我国页岩气工业推送到了一个特殊的历史新阶段。页岩气产业的发展既需要系统的理论认识和配套的方法技术，也需要合理的政策、有效的措施及配套的管理，我国的页岩气技术发展方兴未艾，页岩气资源有待进一步开发。

我很荣幸能在丛书策划之初就加入编委会大家庭，有机会和页岩气领域年轻的学者们共同探讨我国页岩气发展之路。我想，正是有了你们对页岩气理论研究与实践的攻关才有了这套书扎实的科学基础。放眼未来，中国的页岩气发展还有很多政策、科研和开发利用上的困难，但只要大家齐心协力，最终我们必将取得页岩气发展的良好成果，使科技发展的果实惠及千家万户。

这套丛书内容丰富，涉及领域广泛，从产业链角度对页岩气开发与利用的相关理论、技术、政策与环境等方面进行了系统全面、逻辑清晰地阐述，对当今页岩气专业理论、先进技术及管理模式等体系的最新进展进行了全产业链的知识集成。通过对这些内容的全面介绍，可以清晰地透视页岩气技术面貌，把握页岩气的来龙去脉，并展望未来的发展趋势。总之，这套丛书的出版将为我国能源战略提供新的、专业的决策依据与参考，以期推动页岩气产业发展，为我国能源生产与消费改革做出能源人的贡献。

中国页岩气勘探开发地质、地面及工程条件异常复杂，但我想说，打造世纪精品力作是我们的目标，然而在此过程中必定有着多样的困难，但只要我们以专业的科学精神去对待、解决这些问题，最终的美好成果是能够创造出来的，祖国的蓝天白云有我们曾经的努力！

中国工程院院士

2016年5月

总

序

三

　　页岩气属于新型的绿色能源资源，是一种典型的非常规天然气。近年来，页岩气的勘探开发异军突起，已成为全球油气工业中的新亮点，并逐步向全方位的变革演进。我国已将页岩气列为新型能源发展重点，纳入了国家能源发展规划。

　　页岩气开发的成功与技术成熟，极大地推动了油气工业的技术革命。与其他类型天然气相比，页岩气具有资源分布连片、技术集约程度高、生产周期长等开发特点。页岩气的经济性开发是一个全新的领域，它要求对页岩气地质概念的准确把握、开发工艺技术的恰当应用、开发效果的合理预测与评价。

　　美国现今比较成熟的页岩气开发技术，是在20世纪80年代初直井泡沫压裂技术的基础上逐步完善而发展起来的，先后经历了从直井到水平井、从泡沫和交联冻胶到清水压裂液、从简单压裂到重复压裂和同步压裂工艺的演进，页岩气的成功开发拉动了美国页岩气产业的快速发展。这其中，完善的基础设施、专业的技术服务、有效的监管体系为页岩气开发提供了重要的支持和保障作用，批量化生产的低成本开发技术是页岩气开发成功的关键。

　　我国页岩气的资源背景、工程条件、矿权模式、运行机制及市场环境等明显有别于美国，页岩气开发与发展任重道远。我国页岩气资源丰富、类型多样，但开发地质条件复杂，开发理论与技术相对滞后，加之开发区水资源有限、管网稀疏、人口稠密等不利因素，导致中国的页岩气发展不能完全照搬照抄美国的经验、技术、政策及法规，必须探索出一条适合于我国自身特色的页岩气开发技术与发展道路。

华东理工大学出版社策划出版的这套页岩气产业化系列丛书，首次从页岩气地质、地球物理、开发工程、装备与经济技术评价以及政策环境等方面对页岩气相关的理论、方法、技术及原则进行了系统阐述，集成了页岩气勘探开发理论与工程利用相关领域先进的技术系列，完成了页岩气全产业链的系统化理论构建，摸索出了与中国页岩气工业开发利用相关的经济模式以及环境与政策，探讨了中国自己的页岩气发展道路，为中国的页岩气发展指明了方向，是中国页岩气工作者不可多得的工作指南，是相关企业管理层制定页岩气投资决策的依据，也是政府部门制定相关法律法规的重要参考。

我非常荣幸能够成为这套丛书的编委会顾问成员，很高兴为丛书作序。我对华东理工大学出版社的独特创意、精美策划及辛苦工作感到由衷的赞赏和钦佩，对以张金川教授为代表的丛书主编和作者们良好的组织、辛苦的耕耘、无私的奉献表示非常赞赏，对全体工作者的辛勤劳动充满由衷的敬意。

这套丛书的问世，将会对我国的页岩气产业产生重要影响，我愿意向广大读者推荐这套丛书。

中国工程院院士

胡文瑞

2016年5月

总

序

四

　　绿色低碳是中国能源发展的新战略之一。作为一种重要的清洁能源,天然气在中国一次能源消费中的比重到2020年时将提高到10%以上,页岩气的高效开发是实现这一战略目标的一种重要途径。

　　页岩气革命发生在美国,并在世界范围内引起了能源大变局和新一轮油价下降。在经过了漫长的偶遇发现(1821—1975年)和艰难探索(1976—2005年)之后,美国的页岩气于2006年进入快速发展期。2005年,美国的页岩气产量还只有1 134亿立方米,仅占美国当年天然气总产量的4.8%;而到了2015年,页岩气在美国天然气年总产量中已接近半壁江山,产量增至4 291亿立方米,年占比达到了46.1%。即使在目前气价持续走低的大背景下,美国页岩气产量仍基本保持稳定。美国页岩气产业的大发展,使美国逐步实现了天然气自给自足,并有向天然气出口国转变的趋势。2015年美国天然气净进口量在总消费量中的占比已降至9.25%,促进了美国经济的复苏、GDP的增长和政府收入的增加,提振了美国传统制造业并吸引其回归美国本土。更重要的是,美国页岩气引发了一场世界能源供给革命,促进了世界其他国家页岩气产业的发展。

　　中国含气页岩层系多,资源分布广。其中,陆相页岩发育于中、新生界,在中国六大含油气盆地均有分布;海陆过渡相页岩发育于上古生界和中生界,在中国华北、南方和西北广泛分布；海相页岩以下古生界为主，主要分布于扬子和塔里木盆地。中国页岩气勘探开发起步虽晚，但发展速度很快，已成为继美国和加拿大之后世界上第三个实现页岩气商业化开发的国家。这一切都要归功于政府的大力支持、学界的积极参与及业界的坚定信念与投入。经过全面细致的选区优化评价（2005—2009年）和钻探评价（2010—2012年），中国很快实现了涪陵（中国石化）和威远-长宁（中国石油）页岩气突破。2012年，中国石化成功地在涪陵地区发现了中国第一个大型海相气田。此后，涪陵页岩气勘探和产能建设快速推进，目前已提交探明地质储量3 805.98亿立方米，页岩气日产量（截至2016年6月）也达到了1387万立方米。故大力发展页岩气，不仅有助于实现清洁低碳的能源发展战略，还有助于促进中国的经济发展。

然而，中国页岩气开发也面临着地下地质条件复杂、地表自然条件恶劣、管网等基础设施不完善、开发成本较高等诸多挑战。页岩气开发是一项系统工程，既要有丰富的地质理论为页岩气勘探提供指导，又要有先进配套的工程技术为页岩气开发提供支撑，还要有完善的监管政策为页岩气产业的健康发展提供保障。为了更好地发展中国的页岩气产业，亟须从页岩气地质理论、地球物理勘探技术、工程技术和装备、政策法规及环境保护等诸多方面开展系统的研究和总结，该套页岩气丛书的出版将填补这项空白。

该丛书涉及整个页岩气产业链，介绍了中国页岩气产业的发展现状，分析了未来的发展潜力，集成了勘探开发相关技术，总结了管理模式的创新。相信该套丛书的出版将会为我国页岩气产业链的快速成熟和健康发展带来积极的推动作用。

中国科学院院士

2016年5月

丛书前言

　　社会经济的不断增长提高了对能源需求的依赖程度，城市人口的增加提高了对清洁能源的需求，全球资源产业链重心后移导致了能源类型需求的转移，不合理的能源资源结构对环境和气候产生了严重的影响。页岩气是一种特殊的非常规天然气资源，她延伸了传统的油气地质与成藏理论，新的理念与逻辑改变了我们对油气赋存地质条件和富集规律的认识。页岩气的到来冲击了传统的油气地质理论、开发工艺技术以及环境与政策相关法规，将我国传统的"东中西"油气分布格局转置于"南中北"背景之下，提供了我国油气能源供给与消费结构改变的理论与物质基础。美国的页岩气革命、加拿大的页岩气开发、我国的页岩气突破，促进了全球能源结构的调整和改变，影响着世界能源生产与消费格局的深刻变化。

　　第一次看到页岩气（Shale gas）这个词还是在我的博士生时代，是我在图书馆研究深盆气（Deep basin gas）外文文献时的"意外"收获。但从那时起，我就注意上了页岩气，并逐渐为之痴迷。亲身经历了页岩气在中国的启动，充分体会到了页岩气产业发展的迅速，从开始只有为数不多的几个人进行页岩气研究，到现在我们已经有非常多优秀年轻人的拼搏努力，他们分布在页岩气产业链的各个角落并默默地做着他们认为有可能改变中国能源结构的事。

　　广袤的长江以南地区曾是我国老一辈地质工作者花费了数十年时间进行油

气勘探而"久攻不破"的难点地区,短短几年的页岩气勘探和实践已经使该地区呈现出了"星星之火可以燎原"之势。在油气探矿权空白区,渝页1、岑页1、酉科1、常页1、水页1、柳页1、秭地1、安页1、港地1等一批不同地区、不同层系的探井获得了良好的页岩气发现,特别是在探矿权区域内大型优质页岩气田(彭水、长宁-威远、焦石坝等)的成功开发,极大地提振了油气勘探与发现的勇气和决心。在长江以北,目前也已经在长期存在争议的地区有越来越多的探井揭示了新的含气层系,柳坪177、牟页1、鄂页1、尉参1、郑西页1等探井不断有新的发现和突破,形成了以延长、中牟、温县等为代表的陆相页岩气示范区和海陆过渡相页岩气试验区,打破了油气勘探发现和认识格局。中国近几年的页岩气勘探成就,使我们能够在几十年都不曾有油气发现的区域内再放希望之光,在许多勘探失利或原来不曾预期的地方点燃了燎原之火,在更广阔的地区重新拾起了油气发现的信心,在许多新的领域内带来了原来不曾预期的希望,在许多层系获得了原来不曾想象的意外惊喜,极大地拓展了油气勘探与发现的空间和视野。更重要的是,页岩气理论与技术的发展促进了油气物探技术的进一步完善和成熟,改进了油气开发生产工艺技术,启动了能源经济技术新的环境与政策思考,整体推高了油气工业的技术能力和水平,催生了页岩气产业链的快速发展。

该套页岩气丛书响应了国家《能源发展"十二五"规划》中关于大力开发非常规能源与调整能源消费结构的愿景,及时高效地回应了《大气污染防治行动计划》中对于清洁能源供应的急切需求以及《页岩气发展规划(2011—2015年)》的精神内涵与宏观战略要求,根据《国家应对气候变化规划(2014—2020)》和《能源发展战略行动计划(2014—2020)》的建议意见,充分考虑我国当前油气短缺的能源现状,以面向"十三五"能源健康发展为目标,对页岩气地质、物探、工程、政策等方面进行了系统讨论,试图突出新领域、新理论、新技术、新方法,为解决页岩气领域中所面临的新问题提供参考依据,对页岩气产业链相关理论与技术提供系统参考和基础。

承担国家出版基金项目《中国能源新战略——页岩气出版工程》(入选《"十三五"国家重点图书、音像、电子出版物出版规划》)的组织编写重任,心中不免惶恐,因为这是我第一次做分量如此之重的学术出版。当然,也是我第一次有机会系统地来梳理这些年我们团队所走过的页岩气之路。丛书的出版离不开广大作者的辛勤付出，他们以实际行动表达了对本职工作的热爱、对页岩气产业的追求以及对国家能源行业发展的希冀。特别是，丛书顾问在立意、构架、设计及编撰、出版等环节中也给予了精心指导和大力支持。正是有了众多同行专家的无私帮助和热情鼓励，我们的作者团队才义无反顾地接受了这一充满挑战的历史性艰巨任务。

该套丛书的作者们长期耕耘在教学、科研和生产第一线，他们未雨绸缪、身体力行、不断探索前进，将美国页岩气概念和技术成功引进中国；他们大胆创新实践，对全国范围内页岩气展开了有利区优选、潜力评价、趋势展望；他们尝试先行先试，将页岩气地质理论、开发技术、评价方法、实践原则等形成了完整体系；他们奋力摸索前行，以全国页岩气蓝图勾画、页岩气政策改革探讨、页岩气技术规划促产为己任，全面促进了页岩气产业链的健康发展。

我们的出版人非常关注国家的重大科技战略，他们希望能借用其宣传职能，为读者提供一套页岩气知识大餐，为国家的重大决策奉上可供参考的意见。该套丛书的组织工作任务极其烦琐，出版工作任务也非常繁重，但有华东理工大学出版社领导及其编辑、出版团队前瞻性地策划、周密求是地论证、精心细致地安排、无怨地辛苦奉献，积极有力地推动了全书的进展。

感谢我们的团队，一支非常有责任心并且专业的丛书编写与出版团队。

该套丛书共分为页岩气地质理论与勘探评价、页岩气地球物理勘探方法与技术、页岩气开发工程与技术、页岩气技术经济与环境政策等4卷，每卷又包括了按专业顺序而分的若干册，合计20本。丛书对页岩气产业链相关理论、方法及技术等进行了全面系统地梳理、阐述与讨论。同时，还配备出版了中英文版的页岩气原理与技术视频（电子出版物），丰富了页岩气展示内容。通过这套丛书，我们希望能为页岩气科研与生产人员提供一套完整的专业技术知识体系以促进页岩气理论与实践的进一步发展，为页岩气勘探开发理论研究、生产实践以及教学培训等提供参考资料，为进一步突破页岩气勘探开发及利用中的关键技术瓶颈提供支撑，为国家能源政策提供决策参考，为我国页岩气的大规模高质量开发利用提供助推燃料。

国际页岩气市场格局正在成型，我国页岩气产业正在快速发展，页岩气领域中的科技难题和壁垒正在被逐个攻破,页岩气产业发展方兴未艾,正需要以全新的理论为依据、以先进的技术为支撑、以高素质人才为依托,推动我国页岩气产业健康发展。该套丛书的出版将对我国能源结构的调整、生态环境的改善、美丽中国梦的实现产生积极的推动作用,对人才强国、科技兴国和创新驱动战略的实施具有重大的战略意义。

不断探索创新是我们的职责,不断完善提高是我们的追求,"路漫漫其修远兮,吾将上下而求索",我们将努力打造出页岩气产业领域内最系统、最全面的精品学术著作系列。

丛书主编

2015年12月于中国地质大学(北京)

前 言

　　自美国页岩气大开发以来，全球一些拥有页岩气资源的国家为保障国内的能源供给以及实现有关对国际社会承诺的低碳目标，也开始尝试对这一非常规天然气资源进行勘探、开发。一些页岩气资源匮乏的国家则通过对外投资、合作的方式介入页岩气开发浪潮中。不过，受资金、技术、人才、基础设施、页岩气开发自然条件等的局限，大部分国家的页岩气开发只是处于起步阶段，或因国内环境保护人士的强烈反对，对页岩气开发问题持观望态度。

　　本书对全球页岩气主要开发或正在开发地区的典型国家——北美(美国、加拿大、墨西哥)，欧洲(欧盟、其他欧洲地区)，拉美(智利、巴西、阿根廷)，亚太地区(日本、韩国、印度、巴基斯坦、澳大利亚、印度尼西亚和中国)进行了考察，不仅考察了这些国家的页岩气发展战略出台的背景、内容、措施及效果，而且也探讨了页岩气开发面临的问题及解决的办法。2016 年，中国政府发布页岩气"十三五"发展规划，力争 2020 年实现页岩气产量 300×10^8 m^3。本书对国外页岩气开发进行研究，包括推进开发的具体措施、经验教训、主要面临的问题及解决的途径等，将为中国页岩气开发提供一定的借鉴。这是本书选题的目的和意义所在。

　　全书共分六篇十二章。第一篇对能源的基本概念和术语进行了界定，并介绍了页岩气开发的历史，考察了全球页岩气资源与开发状况。第二篇至第五篇分别探讨了北美、欧洲、拉美、亚太页岩气发展战略，包括这些地区或国家页岩气发展战略的出台背景、内容、实施及效果、存在的问题以及发展前景等。第六篇对世界各国页岩气发展战略进行评述，对发展战略的成效与影响进行分析，最后对中国页岩气发展战略提出建议。

全书编写分工如下。林珏：大纲，前言，第一至第五章，第十至第十二章；彭冬冬：第六、七章；张宪房：第八章；李立平：第九章。全书由林珏统稿。

由于资料缺乏和时间紧迫，本书尚存在一些不足之处，诚恳期望读者批评指正！

林　珏

2017 年 3 月

目

录

第一篇　概　　论

第二篇　北美地区页岩气发展战略研究

第三篇 欧洲地区页岩气发展战略研究

第四篇　拉丁美洲地区页岩气发展战略研究

第五篇　亚太地区页岩气发展战略研究

世界各国
页岩气
发展战略
研究

第一篇

概　论

第一章

绪　论

本书主要研究的是页岩气在世界各国的发展战略,在研究讨论中将会涉及有关能源的各种称呼,如化石能源、可再生能源、一次能源、新能源、清洁能源、低碳能源、绿色能源、常规能源、非常规能源等。为了使读者对这些概念有一定清楚的理解,这里首先对基本概念作一个界定。

第一节　　基本概念与术语

一、能源的不同称谓

根据《大英百科全书》的定义,能源是指"一个包括着所有燃料、流水、阳光和风的术语,人类用适当的转换手段便可让它为自己提供所需的能量"。

作为一种可转化为能量的物质,能源分为化石性(矿物性)能源和非化石性(非矿物性)能源。前者是指由埋藏在地表下的古生代化石所转化而来,开发利用后不可再生能源,主要有石油、天然气、煤炭、油页岩、天然铀矿等形式;后者是指开发利用后可再生的非化石能源,如太阳能、水能、风能、波浪能、潮汐能、地热能、生物质能、海洋能、沼气等。

一次能源(primary energy)是指直接取自自然界,没有经过加工转换的各种能量和资源,包括原煤、原油、天然气、油页岩、天然铀矿、太阳能、水能、风能、波浪能、潮汐能、地热能、生物质能和海洋能等。

根据《中华人民共和国能源法》(征求意见稿)第一百三十九条的法律术语解释,新能源是指"在新技术基础上开发利用的非常规能源,包括风能、太阳能、海洋能、地热能、生物质能、氢能、核聚变能、天然气水合物等"。

清洁能源是指"环境污染物和二氧化碳等温室气体零排放或者低排放的一次能源,主要包括天然气、核电、水电及其他新能源和可再生能源等"。

低碳能源则是指"二氧化碳等温室气体排放量低或者零排放的能源产品,主要包括核能和可再生能源等"。

绿色能源有狭义和广义之分。狭义的绿色能源是指可再生能源,如水能、生物能、太阳能、风能、地热能、海洋能,这些能源消耗之后可以恢复补充,很少产生污染。广义的绿色能源不仅包括可再生能源,还包括在能源的生产及消费过程中,选用对生态环境低污染或无污染的能源,如天然气、清洁煤、核能等。

常规能源(conventional energy)是指已经大规模生产和广泛利用的传统能源,比如石油、煤炭、天然气、核能、水电等。而非常规能源是指传统能源之外的各种能源形式,比如石油中有页岩油、油砂油等,天然气中有致密气、页岩气、煤层气、天然气水合物等。

二、 页岩气

页岩气是一种蕴藏在页岩层中、成分以甲烷为主的天然气资源,是一种非常规天然气。与常规天然气的区别是,页岩气是位于很低或极低渗透率(低于 0.1 mD[①])的沉积层的天然气,开采页岩气的气井必须经过水力压裂增产处理,或者通过水平井、多分支井或其他技术来增加气藏接触面积,否则无法获得经济产量。页岩气资源分布范围广,并且不受地质构造限制,世界很多地区都拥有丰富的页岩气资源,但由于地质构造的不同,使得其开采难度也有所不同。

第二节　　页岩气开发的历史

页岩气的开采历史最早可以追溯到 19 世纪 20 年代。1821 年,一位名叫威廉·哈特(William Hart)的美国年轻人为了获得照明燃料,在纽约州的弗里多尼亚镇(Fredonia)

---

① 1 mD $= 0.987 \times 10^{-3}$ μm^2。

附近的泥盆系页岩上凿下了一口气井①,成功地获得了页岩气,美国第一家天然气公司,即弗里多尼亚天然气照明公司(Fredonia Gas Light Company)由此建立。由于为小镇居民提供了照明燃料,威廉·哈特此后被人们誉为"天然气之父"。随着美国工业化进程的逐步推进,天然气(页岩气)的应用从照明扩大到发电、机械动力上,商业性的规模开采逐渐出现。

1915年,肯塔基州弗洛伊德县裂缝性泥页岩发现大砂气田(Big Sandy Gas Field),吸引了众多油气公司纷至沓来。到1976年,开发区域已经从肯塔基州东部扩展到西弗吉尼亚州西南部,数千平方千米的土地上遍布着无数大大小小的气井,仅肯塔基一个州,气井就达五千多口。

页岩气商业性开采带来了竞争压力,为了降低成本,开发商不断开发新的低成本开采技术。20世纪40年代采用井下爆炸技术,1965年有开发商应用水力压裂技术,该技术大大提高了产量,使得那些较低收益的页岩井增加了产值。

不过,虽然美国在页岩气的勘探、开采及商业化应用上走在各国前面,但是直到20世纪70年代,页岩气的开采都没达到一定的生产规模。70年代的石油危机迫使美国开始重视起非常规能源的开发,70年代末,美国颁布《能源意外获利法》,对页岩气开发实行税收补贴政策,并专门成立机构对页岩气开发技术进行研究。此后,在开采、完井、压裂等方面获得了巨大技术进步,尤其是采用清水压裂,在提高采收率的同时,还能够降低成本,从而使页岩气可以以更经济的方式进行开采。与此同时,能源价格的不断上升,使得页岩气的开发变得有利可图,由此推动美国境内掀起页岩气大开发浪潮,产量出现井喷。

图1-1显示的是美国2011—2015年各类油气井开采量,从图中可见,页岩气井开采量增长迅速,2013年已超过了常规天然气井产量,2015年页岩气井开采量达到15.48×10^4 ft³(1 ft =0.304 8 m),比2011年增长了82%。

世界上很多地区都拥有页岩油气发育的地质结构,一些国家从美国的成功中看到了解决本国能源瓶颈的希望,纷纷制定页岩气开发战略。根据国际能源机构(IEA)统计,2009年加拿大实现产量8.03×10^8 m³,2014年页岩气产量已达59.35×10^8 m³;阿

---

① 该井不过27 ft(约8.2 m)深,而现代气井一般要达到30 000 ft(约为9 100 m)深。

图 1-1 2011—2015 年美国各类油气井年生产量比较

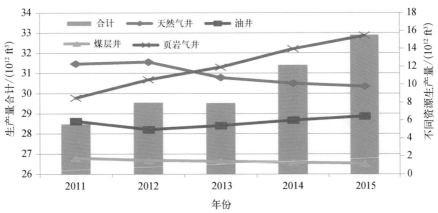

（U. S. Energy Information Administration, Natural Gas Annual 2015: 1）

注：左轴刻度为美国各类油气井年生产量；右轴刻度为各类井生产量。

根廷 2011 年实现产量 $200 \times 10^4 \ m^3$，2014 年达成 $3.05 \times 10^8 \ m^3$；中国 2012 年实现产量 $2\,500 \times 10^4 \ m^3$，2014 年为 $13.20 \times 10^8 \ m^3$（图 1-2）。页岩气这一非常规天然气的开发，似乎将天然气生产和消费推入了黄金时期。

图 1-2 全球页岩气生产情况

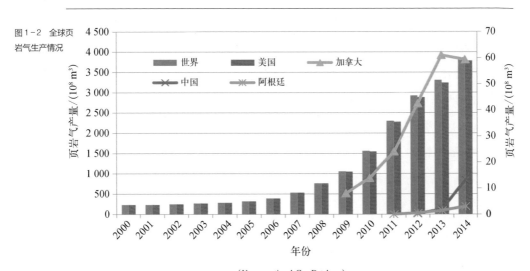

（Unconventional Gas Database）

注：左轴刻度为世界和美国页岩气年生产量；右轴刻度为加拿大、中国、阿根廷页岩气年生产量。

但页岩气的开发尚存在一定争议,环保人士认为,虽然页岩气使用中是低二氧化碳排放,但目前采用的水力压裂技术需要在开采中注入有毒的化学药剂,在钻井和水力压裂过程中,有 10% ~ 75% 的水会流回到地表,这意味着毒水将污染土壤或江河,若排入地下,则污染地下水。因此,目前技术条件下的页岩气开采若不对废水加以处理,则会对环境(水资源)造成极大破坏。

此外,水资源的供应不能保障。页岩气的开采需要大量水,该条件很多地方满足不了。在美国,钻井需要 $(20 ~ 250) \times 10^4$ L 的水,而水力压裂环节的用水量高达 $(700 ~ 2\,300) \times 10^4$ L。在中国,页岩气资源大部分在北方,而水资源在南方,如何满足开采地大量的水资源需求? 挤占灌溉水资源、工业用水和生活用水,会对地方经济造成破坏,给人民群众生活带来困难,若再不重视废水回收处理,还可能造成水资源短缺和水污染双重灾难。

如何控制废水的乱排或阻止废水回流入地下水对表面水源或地下水源造成污染? 如何防止开采中气井的空烧对环境造成的破坏? 这些问题引起了各国政府和国际社会的高度重视。

针对页岩气开发中存在的问题,2012 年,国际能源机构(IEA)在《世界能源展望(特别报告)》(World Energy Outlook Special Report)中提出一个"天然气黄金时代的黄金法则"(Golden Rules for a Golden Age of Gas),要求产业布局、政府和其他利益攸关方在生产非常规天然气获取收入时应维护"社会许可"(social license)原则:(1) 对开采中可能造成的环境破坏应采取必要的措施,及时披露生产情况并参与整治;(2) 观察所钻探打井的地方是否会损害周围的环境,比如靠近河流、湖泊的地区;(3) 隔离钻井,防止气体泄漏;(4) 负责地对待开采中废水的处理问题;(5) 消除排气,减少燃烧和其他有害物质排放;(6) 有大的应急预案;(7) 确保环境保护业绩持续高水平。为了推动各国政府、工业部门、非政府组织和其他关键利益相关者对上述建议的关注,国际能源机构董事会决定建立一个非常规天然气论坛。通过论坛,在全球范围内各国政府分享彼此的见解和监管措施,行业和其他关键利益相关者分享在确保经济、安全情况下提高产量的最佳实践,以推动页岩气开发"黄金法则"的实行。

第三节　　本书研究的重点与意义

本书从地区或集团角度研究世界各国页岩气发展战略。由于页岩气资源在全球分布状况不一,各地开采技术难度不同,各国在非常规天然气开采方面的历史和选择重点不一,因此,并不是所有国家都已经制定了页岩气发展战略,一些国家正在酝酿,一些国家可能根本就没有,或者可能将开发重点放在致密气或煤层气上。基于此,本书的研究重点在于:

（1）已经制定发展战略的国家,如北美的美国、亚太的中国,研究这些国家的发展战略、规划、措施及效果;

（2）正在制定发展战略的国家或集团,如欧洲的欧盟、拉美的阿根廷,研究美国页岩气大开发对这些地区能源政策的影响;

（3）没有制定发展战略的国家,研究页岩气革命对这些国家能源安全带来的冲击及他们的对应措施。

本书试图通过上述研究,总结各国在页岩气发展战略、政策措施方面好的做法、经验教训,同时找出中国页岩气发展战略中存在的问题、面临的难点,为发展战略的顺利推进提出一些政策建议。

第二章

全球页岩气资源与开发概况

世界很多地方都蕴藏有页岩气资源,但不少地区因其埋藏深(一般深度在200 m以下,有的可达3 000 m),开采技术难度高、成本大,仅处于勘探、待开发或试开发状态。

第一节　全球页岩气资源概况

全球页岩气资源量数据随开采技术的进步、各国页岩气开发战略的制定以及勘探、开采量的扩大,而不断发生变化。

据最新统计,全球页岩气储量约 456.24×10^{12} m^3,主要分布在北美(108.79×10^{12} m^3)、中亚和中国(99.9×10^{12} m^3)、中东北非(72.15×10^{12} m^3)、拉丁美洲(59.95×10^{12} m^3)、太平洋经合组织国家(65.5×10^{12} m^3)、苏联(17.75×10^{12} m^3)、欧洲(15.54×10^{12} m^3)、亚太其他地区(8.89×10^{12} m^3)以及非洲撒哈拉地区(7.76×10^{12} m^3)。

表2-1是EIA(2011)和之前Rogner H.H.(1997)对全球各地页岩气储量估计比较。可以相信,随着各国对当地页岩气勘探、开发的深入,这些数据还会增加。

表2-1　全球各地页岩气储量　单位: tcf①

地　区	1997 年 Rogner 研究	2011 年 EIA 研究	地　区	1997 年 Rogner 研究	2011 年 EIA 研究
北美洲	3 842	7 140	亚　洲	3 528	5 661
南美洲	2 117	4 569	澳大利亚	2 313	1 381
欧　洲	549	2 587	其他地区	2 215	—
非　洲	1 548	3 962	总　计	16 112	25 300

(Boyer C, Clark B, Lewis R, et al, 2011)

其中,可采储量超过 5×10^{12} m^3 的国家,北美有美国、加拿大、墨西哥;南美有阿根廷、巴西;欧洲有波兰;非洲有南非、阿尔及利亚、利比亚;亚洲有中国。中国页岩气可采储量最多(图2-1)。

---

①　1万亿立方英尺(tcf) = 283.17 立方米(m^3)。

图2-1 世界页岩盆地和储量最多的国家（单位：$10^{12}\,m^3$）

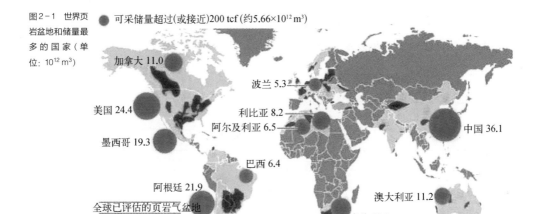

可采储量超过（或接近）200 tcf（约$5.66\times10^{12}\,m^3$）

加拿大 11.0
波兰 5.3
美国 24.4
利比亚 8.2
阿尔及利亚 6.5
中国 36.1
墨西哥 19.3
巴西 6.4
阿根廷 21.9
澳大利亚 11.2
南非 13.7

全球已评估的页岩气盆地
■ 有储量估计
■ 没有储量估计

（Reuters，EIA）

第二节　全球页岩气开发历史的阶段划分

一、页岩气开发的背景

　　页岩气的开发最初只是为了解决照明问题。到20世纪20年代,页岩气成为工业燃料之一,虽然产量不高。70年代石油危机使得美国逐渐重视起能源安全问题。90年代,随着环境保护运动的兴起,页岩气清洁燃烧的优势被人们重视。

　　根据报道,煤和石油的燃烧有着复杂的有机分子、氮和硫、大量的二氧化碳（CO_2）、氮氧化物（NO_x）、二氧化硫（SO_2）和颗粒灰。相比之下,天然气的燃烧释放很少的二氧化硫和氮氧化物,几乎没有灰尘,低水平的二氧化碳、一氧化碳（CO）等碳氢化合物,燃烧释放的二氧化碳只有煤释放量的约50%。

从 1990 年到 2010 年,在美国与能源有关的二氧化碳排放量每年增加 0.4%。2010 年,根据数据对比,美国产生的与能源相关的二氧化碳量约占世界总排放量的18%。EIA 认为,鼓励页岩气的发展战略,已经使美国的二氧化碳化石燃料排放量在2012 年下降了 3.9%。发电从煤炭转换到天然气,使二氧化碳下降了约 50%,继续扩大天然气发电比重,将继续降低二氧化碳的排放量(表 2-2)。

空气污染	燃烧的燃料			空气污染	燃烧的燃料		
	天然气	石 油	煤 炭		天然气	石 油	煤 炭
二氧化碳(CO_2)	117 000	164 000	208 000	微粒(PM)	7.0	84	2 744
一氧化碳(CO)	40	33	208	甲醛	0.750	0.220	0.221
氮氧化合物(NO_x)	92	448	457	汞(Hg)	0.000	0.007	0.016
二氧化硫(SO_2)	0.6	1 122	2 591				

表 2-2 不同燃料燃烧时的空气污染程度比较 单位:lb①

(U. S. Department of Energy, 2013)

从表 2-2 可见,计算每 10×10^8 t 油当量燃烧产生的二氧化碳量,石油是 16.4×10^4 lb,煤炭是 20.8×10^4 lb,天然气只有 11.7×10^4 lb;而天然气燃烧时产生的氮氧化合物、二氧化硫和微粒更是大大低于石油和煤炭。

二、 页岩气开发历史的阶段划分

以美国为对象,考察页岩气开发历史,可以划分为以下四个阶段。

第一阶段,19 世纪 20 年代—20 世纪 70 年代初。这段时间是将页岩气作为燃料开采,但因为开采技术水平较低所以产量十分有限。

第二阶段,20 世纪 70 年代中期—90 年代初。这一时期,页岩气开发成为保障能源安全的措施之一,但限于技术和成本的约束(能源价格还比较低),页岩气生产在天

---

① 1 磅(lb) = 0.453 6 千克(kg)。

然气生产中比重较低。

第三阶段,20 世纪 90 年代中期—21 世纪初。这段时间在国家技术创新和税收政策的推动以及能源价格不断攀升的背景下,页岩气技术取得了一系列突破。首先是直井大型水力压裂技术的突破(1997 年前);其次,直井大型清水压裂技术在钻井开采中成为主要技术(1997—2002 年);再者,水平井压裂技术试验获得成功(2002—2007 年),页岩气可以以盈利的方式开采出来。

第四阶段,2007 年至今。水平井套管完井及分段压裂技术成为主体技术模式,美国页岩气产量大幅增加,美国页岩气开发的成功鼓励了更多的国家进入该开发领域。

世界页岩气开发历史上,美国无疑是页岩气勘探、开发最早且最成功的国家。2000 年美国的页岩气产量占天然气总产量的比例几乎可以忽略不计,但随着 2007 年开采技术的突破,以及大批中小企业涌入该部门,到 2010 年,美国页岩气年产量在天然气产量中的占比已经接近 1/4 了。

目前美国最大的页岩气区有七个: Eagle Ford(伊格福特)、Marcellus(马塞勒斯)、Haynesville-bossier(斯威尔‐波西尔)、Woodford(伍德福德)、Fayetteville(费耶特维尔)、Barnett(巴耐特)、Antrim(安特里姆)。上述这七个区预计生产天然气总量为 4.5×10^{12} ft^3[①](即 $1\,274 \times 10^8$ m^3)。根据美国能源部数据,2010 年,美国所有页岩资源远景区干气(Dry Shale Gas)总产量达 4.87×10^{12} ft^3(合计 $1\,379 \times 10^8$ m^3),2015 年干气产量达到 27.1×10^{12} ft^3。

缺乏高效的开采技术是阻碍世界各地页岩气开发的主要原因。如果引进美国的水力压裂设备和技术,那作业所需要大量水源也难以保证。

根据 EIA(2011 年)的分析,与美国相比,其他国家页岩气开采不成功的主要原因有四点: 第一,开采技术未掌握;第二,页岩地质构成复杂;第三,开采所需水源无法满足;第四,土地所有者与资源开发者之间的矛盾,在很多国家土地矿权归国家,而美国归土地所有者。

受到地层结构、开采技术、水源供应、政府政策导向等多种因素的限制,目前世界页岩气产量主要集中在北美地区。

---

① 1 英尺(ft)=0.304 8 米(m)。

第三节　世界页岩气资源开发现状

一、非常规天然气资源开发状况

非常规天然气包括页岩气、致密气、煤层气等。21 世纪初以来,能源价格的上涨使得非常规天然气的开采具有了经济性。不过,直到 2012 年前,世界页岩气的产量都低于致密气,2008 年前还低于煤层气产量。2007 年,随着页岩气水力压裂技术的突破,其开采的市场价值显现,更多的企业涌入该行业;2009 年经济危机期间,致密气产量因能源价格的下降和经济的衰退而下降,但更具有价格优势的页岩气产量则继续增加。在美国不少州,地方政府将开发页岩气视为提高就业率的重要措施。伴随着 2009—2013 年世界致密气产量的不断下降,页岩气产量迅速增加,从 2009 年的 1 055.5 × 10^8 m^3 提高到 2013 年的 3 307.9 × 10^8 m^3,2014 年进一步达到 3 863.3 × 10^8 m^3。页岩气产量在非常规天然气中的比重从 2000 年的 11.21% 上升到 2009 年的 24.96%,又上升到 2014 年 55.22%(图 2 - 2)。

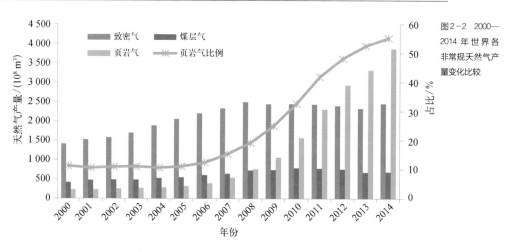

图 2-2　2000—2014 年世界各非常规天然气产量变化比较

(根据 Unconventional Gas Database 数据计算制图)

二、 页岩气资源开发现状及前景

从世界页岩气资源开发现状来看,受开采技术的限制,页岩气的商业性开采主要在北美。根据世界能源署的统计数据,2014 年页岩气产量达到或超过百万立方米的国家有美国、加拿大、中国、阿根廷、澳大利亚和波兰。其中,美国的页岩气产量达到 3787×10^8 m^3,在世界页岩气产量中占比 98.04%;加拿大 59.35×10^8 m^3,占比 1.54%;中国 13.2×10^8 m^3,占比 0.4%;阿根廷产量 3.05×10^8 m^3,占比 0.13%;而澳大利亚和波兰两国的生产规模都只有 100×10^4 m^3。从图 2 – 3 可见,加拿大 2009 年、阿根廷 2011 年、中国 2012 年才开始拥有页岩气产量数据。

图 2 - 3　2000—2014 年世界页岩气产量变化

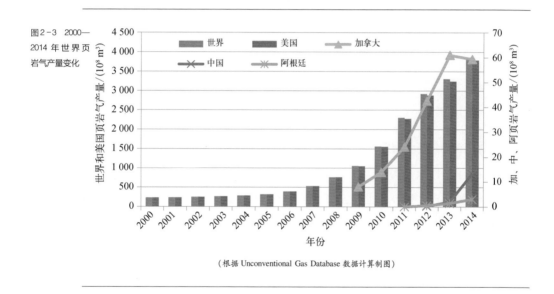

（根据 Unconventional Gas Database 数据计算制图）

根据英国石油公司(BP)预测,2014—2035 年,美国页岩气产量将以每年 4% 的速度增长,到 2035 年,美国页岩气产量将在美国天然气产量中占比约 3/4,相当于世界天然气产量的 20%。而这一时期,全球页岩气产量将以年均 5.6% 的速度增长,最终在天然气产量中的比重从 11% 提高到 24%。与前 10 年一样,世界 2/3 页岩气供应的增加将主要来自北美地区,但同时,页岩气的开采也将扩展到亚太地区,尤其是中国。2035 年,中国页岩气产量将达到 130×10^8 m^3。图 2 – 4 显示出全球页岩气产量不断扩

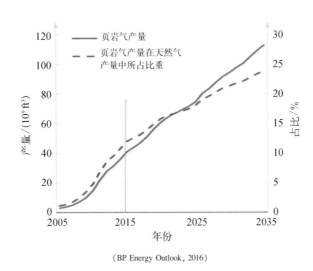

图2-4 BP对2015—
2035年全球页岩气产量
的预测

（BP Energy Outlook, 2016）

大的趋势。

BP集团首席经济学家斯宾塞·戴尔（Spence Dale）指出，美国的页岩气资源实际上远超目前的估计，未来20年，美国页岩气产量将快速增长。

图2-5是BP对每10年世界各地页岩气产量每天增加量的估计，从图中可见，虽然北美一直是页岩气产量增加的主要地区，但与2005—2015年相比，2015—2025年和2025—2035年亚太地区产量增长迅速；此外，非洲、欧亚、中东以及中南美洲的增量也在扩大。

图2-6显示的是1990—2035年经合组织（OECD）和非经合组织（Non-OECD）天然气产量变化状况。根据BP预测，2015年后OECD页岩气产量将不断增加，Non-OECD（主要是中东、中国和俄罗斯）常规天然气增加幅度很大，但页岩气产量增加规模则低于OECD。预计全球页岩气产量将以每年5.6%的速度增长，页岩气产量在天然气产量中的比重将从2014年的10%增加到2035年25%。在这20年中，前10年页岩气产量的增长主要来自美国，但随着中国页岩气产量的不断增加，到2035年，中国将成为页岩气产量增长的主要贡献者。

图2-5 2005—2035年
页岩气产量在世界各地
每10年日增量变化

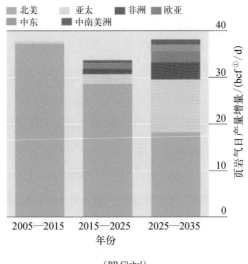

（BP Global）

图2-6 1985—2035年
经合组织和非经合组织
的页岩气和其他天然气
产量变化

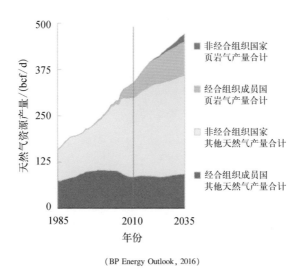

（BP Energy Outlook，2016）

① 10亿立方英尺（bcf）=2 831.7万立方米（m³）。

本章小结

本章探讨了全球页岩气资源分布概况和开发历史,事实表明,世界很多地方都拥有页岩形成的地理条件,但受地层结构复杂、开采技术难度大、水源供应紧张、政府政策导向等多种原因的限制,目前世界页岩气产量主要集中在北美地区。

页岩气的开发最早可以追溯到 19 世纪 20 年代,最初只是为了解决照明问题,后来成为工业燃料之一,之后随着环境保护运动的兴起,页岩气清洁燃烧的优势被人们重视。页岩气的大开发主要从 2007 年开始,水平井套管完井及分段压裂技术的突破使得开采方式更加经济,促进了美国页岩气产量大幅增加,并鼓励了更多的国家和企业进入页岩气开发领域。页岩气的大开发使美国二氧化碳排放量大幅减少。

本章也探讨了页岩气开发现状和一些能源机构对未来 20 年页岩气发展规模的预期:美国仍将成为页岩气产量的主要贡献者,但随着中国页岩气产量的增加,到 2035 年,中国将成为页岩气产量增长的主要贡献者。

第二篇

北美地区页岩气
发展战略研究

第三章

美国页岩气发展战略研究

目前,页岩气的大规模开发主要集中在美国。美国页岩气发展战略的酝酿、立法从 19 世纪 70 年代中期开始,其重大技术突破在 2007 年。由于开采技术的不断突破,页岩气生产成本下降,页岩气取得了商业性的规模开发。

第一节   美国页岩气发展战略的出台及相关立法

一、 美国页岩气发展战略的出台背景

页岩气属于非常规天然气,在统计计算中往往将其产量归入天然气生产中。第二次世界大战后,随着欧、美、日的经济恢复与振兴,这些国家对能源的需求日益旺盛,进而推动石油、天然气的勘探开发迎来了高潮。不过,1954 年以前美国的石油出口在世界出口中占比 60%,西欧的石油市场完全被美国所垄断。随着美国汽车和石油化工业的兴起,石油需求快速增长,美国开始从石油净出口转为净进口。中东石油公司通过争取与大石油公司利润对半分成和石油国有化,逐步掌握本国石油资源,并摆脱西方大石油公司在生产、储运、炼制、销售以及原油定价上的控制。20 世纪 60 年代,被称为"七姐妹"的美孚、埃克森、壳牌等西方石油大公司大幅度降低石油标价,促使中东石油为稳定油价走向联合,成立了石油输出国组织(欧佩克,OPEC)。欧佩克成立后迫使西方石油公司把标价恢复到 1960 年前的水平。第二次世界大战后,美国石油公司将中东廉价的原油源源不断地进口到美国,呈现出战后二十年最美好的繁荣景象。页岩气的开发无论从产量还是从战略上都处于微不足道的位置。

1950 年在世界一次能源中,煤炭占比 50.9%,石油占比 32.9%,天然气占比 10.8%;到 1970 年,煤炭占比已经下降到 20.8%,石油占比上升到 53.4%,天然气达到 18.8%。不过,世界天然气比重的上升主要贡献来自苏联。苏联当时是一个天然气资源非常丰富的国家,第二次世界大战后该国大力开发天然气资源,使其天然气工业迅速发展,1970 年,苏联的天然气储量已经达到 29.49×10^{12} m³,产量达到 1 979 $\times$

10^8 m^3，天然气储量和产量分别比 1951 年增加了 169 倍和 30 多倍。使得苏联的天然气储量超过美国，成为世界上天然气储量最多的国家①。

1973 年中东石油危机，为了应对危机，1975 年 12 月，福特总统签发《能源政策和保护法》（Energy Policy and Conservation Act），这是一部有关能源发展的综合性法规，其目的是增加能源生产、保障能源供给、降低能源需求、提高能源效率，并给予行政部门在应对能源供应中断时以更多的权力。根据该法，美国建立起战略石油储备，而这之前石油储备主要为企业的商业储备。此外，该法也制定了消费者产品节能计划，以及公司平均燃料节约标准的规则。概括来讲，开源节流是该法的核心思想。

1975 年以后，美国国会在能源方面又制定了一系列立法，根据立法的宗旨，可以分为三类：(1) 综合性的法案，总目标是保障供给，实现能源安全；(2) 专门性的法案，目标是发展可再生能源、清洁能源，保护环境，经济可持续发展；(3) 配套或辅助性的，目标是节约能源、提高能效。

二、 美国页岩气发展战略的相关立法

美国页岩气发展离不开政府的大力支持。页岩气是非常规天然气，天然气属于清洁能源，美国政府对页岩气发展的支持通过包括页岩气在内的天然气发展战略体现出来，它既是实现美国能源全面自给战略目标的一个组成部分，也是低碳排放清洁能源发展战略的一个部分。这一发展战略通过相关立法、具体部门规划以及政策措施体现。

1. 综合性全面立法，实现能源安全

1975 年 12 月，福特总统签署《能源政策与保护法》（Energy Policy and Conservation Act, 1975），该法旨在促进天然气市场化改革，放松市场交易和价格实行管制，使得价格趋于合理水平。1978 年 11 月，时任卡特总统签署《国家能源法》（National Energy

---

① http://gas. in-en. com/html/gas-2294868. shtml.

Act of 1978），1980 年 6 月又签署《能源安全法》（Energy Security Act of 1980）。前一个法案包括 5 个单一法案，后一个法案包括 7 个法案，这两个综合法案的制定旨在放松电力产业规制，鼓励新能源和可再生能源的发展，强调节能和能效，以实现能源的自给。

1992 年 10 月，时任布什总统签署《能源政策法》（Energy Policy Act of 1992），其目的是减少国家对进口能源的依赖，增加清洁能源的使用，提高整体能源的效率。1993 年克林顿上台，通过对《能源政策与保护法》的修订，动用战略石油储备作为调控国内能源市场的重要手段，同时引入商业化运作机制，通过抛售一定的战略石油储备来筹集储备设备运转和建设所需资金。

2001 年小布什上台，成立了由时任副总统切尼领导的国家能源政策制定小组，负责起草国家能源政策报告。2001 年 5 月，《国家能源发展集团的报告》（Report of National Energy Policy Development Group）发布，扉面是时任小布什总统的题词："美国必须有一个未来的能源政策计划，以满足今天的需求——我相信我们可以开发我们的自然资源和保护我们的环境。"报告指出，21 世纪初，美国所面临的能源挑战需要从多方面进行部署，包括节能和能效、新能源和发展可再生能源等。与此同时，国会也在酝酿一部新的大型的综合性能源法案，政府提出的部分政策建议被吸纳到该法案中。2005 年 8 月《能源政策法》（Energy Policy Act of 2005）在众议院和参议院两院一致认可的前提下，由小布什签署生效。2007 年 12 月，小布什又签署了《能源独立和安全法》（Energy Independence and Security Act of 2007）。

1992 年、2005 年的《能源政策法》（Energy Policy Act）以及 2007 年《能源独立和安全法》（Energy Independence and Security Act）均属于综合性的法规，其立法目的是为了保障能源供给，维护美国的能源安全。

2. 制定专门法，鼓励可再生能源、清洁能源的发展

第二次世界大战后，随着石油化工、汽车工业、机械制造等重化工业的发展，人们对日趋严重的环境污染忧心忡忡。1962 年，美国海洋生物学家雷切尔·卡逊夫人（Rachel Carson，1907—1964）出版了《寂静的春天》（Silent Spring）一书，该书以大量的事实呈现了由于农业中过度使用杀虫剂等化学品而导致严重的环境污染和生态破坏现状。该书引发了美国朝野有关杀虫剂滥用的大辩论。1970 年，美国颁布《清洁空气

法》(Clean Air Act of 1970),这部法规是美国最全面、最有影响力的空气质量法规。虽然,之前美国曾经颁布过《空气污染控制法》(Air Pollution Control Act)和《空气质量法》(Air Quality Act, 1967),但是新法律在对空气污染的控制上作了大量的补充和修正,扩大了联邦政府在处理工业固定的和移动的污染源上的权限。根据该法,1970 年12 月,美国成立了环境保护署,负责研究、监测环境污染问题,制定环境标准,以及实行环境执法。1977 年、1990 年《清洁空气法》先后两次被修正。

这一期间,罗马俱乐部委托德内拉·梅多斯(Donella H. Meadow)等学者[1]的《增长的极限》(The Limits to Growth, 1972)报告发表,该报告基于五个变量: 世界人口、工业化、污染、食品生产和资源消耗建立模型,探索增长趋势,发现五个变量在成倍增长而技术提高资源可用性的能力仅仅是线性时,未来地球的承载能力将达到极限,届时世界粮食将短缺,环境将遭到破坏,经济出现衰退。《增长的极限》也促进了学术界"经济—能源—环境"3E 理论的形成,这些研究促使美国政府尽快出台鼓励可再生能源、清洁能源政策。

1970 年、1974 年和 1980 年,美国国会对地热能的研究和开发先后进行立法;1974 年、1978 年、1990 年鼓励太阳能开发的法律也出台;1980 年鼓励开发风能、海洋能、生物质能的立法相继出台。

3. 配套立法,节约能源、提高能效

能源安全、经济可持续发展,需要节能减排、提高能效政策相辅助。20 世纪 70—80 年代,美国国会在能源节约方面颁布了一系列法律,这些法律后来进行过多次修正。比如,1975 年《能源政策和节约法》,1976 年《能源节约和生产法》就经过多次修正。1976 年还出台了《可再生能源和能效技术竞争力法》。1978 年、1980 年又出台了《资源节约和回收法》等(表 3 - 1)。

4. 开发非常规天然气,扩大天然气储量

在上述法案中,有关页岩气的法律规定是在非常规能源或天然气法规内。1978 年在《国家能源法》五个法案之一《天然气政策法》中,将页岩气、致密气、煤层气统一规划

---

① 他们是梅多斯(Donella H. Meadow)、丹尼斯·梅多斯(Dennis L. Meadows)、乔根·兰德斯(Jorgen Randers)、威廉·贝伦斯三世(William W. Behrens Ⅲ)。

表3－1　1970年以来美国部分能源法案一览

目　标	法　案　名　称	
	中　文	英　文
综合性的： （1）放松管制 （2）保障供给 （3）发展新能源 （4）节能、提高能效 目标： 实现能源安全与自给	1975年能源政策和保护法（1994年修订）	Energy Policy and Conservation Act, 1975
	1978年国家能源法（包括公用事业管制政策法、1978年能源税收法、国家节能政策法、电厂和工业燃料使用法、天然气政策法共五个法案）	National Energy Act of 1978
	1980年能源安全法（包括美国合成燃料公司法、生物质能和酒精燃料法、可再生能源法、太阳能和节能法、太阳能和节能银行法、地热能法、海洋热能转换法、1978年国家能源法七个法案）	Energy Security Act of 1980
	1992年能源政策法（综合）	Energy Policy Act of 1992
	2005年能源政策法（综合）	Energy Policy Act of 2005
	2007年能源独立和安全法（综合）	Energy Independence and Security Act of 2007
	2008年能源改进和延长法	Energy Improvement and Extension Act of 2008
专门性的： （1）发展可再生能源 （2）研究新能源技术 目的： 保护环境，实现经济可持续发展	1970年地热蒸汽法	Geothermal Steam Act of 1970
	1970年清洁空气法（1977年、1990年修订）	Clean Air Act of 1970
	1974年地热能研究、开发和示范法	Geothermal Energy Research, Development and Demonstration Act of 1974
	1974年太阳能供热和制冷示范法	Solar Heating and Cooling Demonstration Act of 1974
	1974年太阳能研究、开发和示范法	Solar Energy Research, Development and Demonstration Act of 1974
	1978年可再生资源推广法	Renewable Resources Extension Act, 1978
	1978年太阳能光伏研究、开发和示范法	Solar Photovoltaic Energy Research, Development and Demonstration Act of 1978
	1980年地热能法	Geothermal Energy Act of 1980
	1980年风能系统法	Wind Energy Systems Act of 1980
	1980年林业剩余物利用法	Wood Residue Utilization Act of 1980
	1980年海洋热能转换法	Ocean Thermal Energy Conversion Act of 1980
	1980年生物质能和酒精燃料法	Biomass Energy and Alcohol Fuels Act of 1980
	1990年太阳能、风能和地热能发电	Solar, Wind, and Geothermal Power Production Incentives Act of 1990
	2005年约翰·瑞修欧地热蒸汽法案修正案	John Rishel Geothermal Steam Act Amendments of 2005

（续表）

目 标	法 案 名 称	
	中 文	英 文
配套性的 (1) 节约能源 (2) 提高能效 (3) 资源回收 目的： 辅助能源战略的 实施	1975 年能源政策和节约法（多次修正）	Energy Policy and Conservation Act, 1975
	1976 年能源节约和生产法（多次修正）	Energy Conservation and Production Act, 1976
	1976 年资源节约和回收法	Resource Conservation and Recovery Act of 1976
	1978 年国家节能政策法（多次修正）	National Energy Conservation Policy Act, 1978
	1980 年太阳能和节能法	Solar Energy and Energy Conservation Act of 1980
	1980 年太阳能和节能银行法	Solar Energy and Energy Conservation Bank Act of 1980
	1989 年可再生能源和能效技术竞争力法	Renewable Energy and Energy Efficiency Technology Competiveness Act of 1989
开发非常规天然气方面 (1) 确定概念 (2) 税收优惠补贴政策 (3) 支持技术研发	1978 年天然气政策法	Natural Gas Policy Act, 1978
	1980 年原油暴利税法	Crude Oil Windfall Profit Tax Act, 1980
	1989 年天然气井口解除管制法	Natural *Gas Wellhead* Decontrol *Act of 1989*
	1992 年能源政策法（税收优惠与补贴）	Energy Policy Act of 1992
	1997 年纳税人减负法（税收优惠）	Taxpayer Relief Act of 1997
	2003 年能源税收激励法（税收抵免）	Energy Tax Incentives Act of 2003
	2004 年能源法（政府投资研发）	Energy Act of 2004
	2005 年能源政策法（生产补贴）	Energy Policy Act of 2005
	2009 年美国复兴与再投资法（财政拨款）	American Recovery and Reinvestment Act of 2009
	2009 年美国清洁能源和安全法（清洁能源项目）	American Clean Energy and Security Act of 2009

（根据罗涛,2009；王南等,2012；EAP, US Environment Protection Agency 等法案信息分类制表）

为非常规天然气,确立了天然气行业的监管框架,以及对非常规天然气开发的税收和补贴政策。

1980 年,为平衡由于国内放松能源价格管制使得国内油价与国际油价同步上升而损害消费者利益,卡特总统签署了《原油暴利税法》(Crude Oil Windfall Profit Tax Act)。在该法第 29 条"非常规能源生产税收减免财政补贴政策"中规定:1980—1992

年钻探的非常规天然气(包括煤层气和页岩气)可享受每桶油当量 3 美元的补贴。
1992 年在该法该条修正案中,进一步规定:设立能源生产税收津贴,持续非常规气补
贴政策。

1989 年颁布《天然气井口解除管制法》(Natural Gas Wellhead Decontrol Act of
1989)彻底废除天然气价格管制,将管道运输和天然气销售业务分离,在天然气行业引
入市场竞争机制。

1992 年在《能源政策法》(Energy Policy Act of 1992)中扩展了非常规能源的税收
补贴政策。1997 年在《纳税人减负法》(Taxpayer Relief Act of 1997)中延续了非常规
能源的税收补贴政策。

2003 年《能源税收激励法》(Energy Tax Incentives Act of 2003)对 1986 年的《税
法》进行了较大幅度的修改,新法案不仅对新能源和可再生能源的电力生产实行税收
抵免、对代用汽车和燃料税收实行激励政策,而且也针对所有的能源生产(包括洁净
煤)和消费过程中的节能和能效在税收方面采取激励机制。

2004 年在《能源法》(Energy Act of 2004)中进一步规定,10 年内政府每年投资
4 500 万美元用于支持非常规天然气的研发。2005 年《能源政策法》(Energy Policy Act
of 2005)中也确定:2006 年投入运营的生产非常规能源油气井,可在 2006—2010 年获
得每桶油当量 3 美元的补贴(王南等,2012)。

2005 年在《2005 年能源政策法》中提倡能源节约,通过优惠政策鼓励居民使用新
能源。该法要求总统和能源部长采取措施,保证可再生能源电力在联邦政府每年的购
电量中占有一定的比重:2007 财年至 2009 财年不低于 3% ,2010 财年至 2012 财年不
低于 5% ,2013 财年之后不低于 7.5% ,由此保证政策的落实。要求能源部长制定规
章,落实不同阶段可再生燃料在汽车燃料中的比重。

2009 年,面对美国经济严重衰退的情形,新上任的奥巴马总统推动国会通过了
《美国复兴与再投资法》(American Recovery and Reinvestment Act of 2009),该法的目
标是创造就业、对那些受经济衰退影响最严重的部门提供临时救济,投资基础设施、教
育、健康和可再生能源,明确对新能源给予财政激励。经济刺激方案财政拨款总经费
为 10 年(2009—2019 年)7 870 亿美元(后来修正为 8 310 亿美元),其中,能源部能源
效率和可再生能源局(EERE)获得拨款 168 亿美元,这笔经费中有 25 亿用于支持该局

的应用研发与部署计划,包括生物质项目8亿美元、地热技术项目4亿美元。该法案还设计了新能源的市场融资方式,允许各州和地方政府总共发行40亿美元的清洁能源债券,即16亿美元的可再生能源债券和24亿美元的合格节能债券(United States Congress,2009)。同年,美国还推出《美国清洁能源和安全法》(American Clean Energy and Security Act of 2009),开发绿色能源,提高能效,支持可再生能源项目、清洁能源项目、智能电网改造,发展新能源,实现能源独立。

值得一提的是,虽然页岩气属于非常规天然气,在消费中属于低碳排放的清洁能源,但页岩气在开采过程中却会产生污染物(尤其是后来采用水力压裂技术产生出大量的废水)和挥发性有机化合物(VOC)。为了防止这些废水、废气进入江河等水源和大气中,美国政府出台了相关法律条款。比如,1990年的《清洁空气法修正案》(1990 Amendments to the Clean Air Act of 1970)①,该法对1970年的《清洁空气法》进行了修正,对按国家有害空气污染物排放标准规定的189个有毒污染物授权要求加以控制,并建立许可程序要求,扩展和修改了国家环境空气质量标准规定,以及确立了执法机构。该法鼓励开发和销售替代燃料,运输燃料除了汽油和柴油外,还应有比前者更加清洁的天然气、丙烷、甲醇、乙醇、电力和生物柴油,以减少有害物质的排放。该法也要求环境保护署制定一个国家可再生能源计划,这个计划就是增加可再生能源混合到汽油和柴油中的数量。1996年美国国会修正了《安全饮用水法》(Safe Drinking Water Act)②,修正法强调,基于风险设置合理而科学的标准、具有灵活性的小型供水系统,加强技术援助;要求社区授权对水资源进行评估和保护,公众应有知情权,禁止油气开发商在江河湖泊、水库和地下水水源附近进行页岩气水力压裂;未经美国环保局批准,禁止任何人向任何水源排放污染物。此外,该法还要求设立几十亿美元的国家循环贷款基金,对水系统基础设施进行援助。

20世纪90年代之前,美国国会也出台了诸多法规,制定施工中危险化学品的登记或备案制度、施工材料的安全和废物回收等规定。比如,1970年《职业安全与健康法》(Occupational Safety and Health Act of 1970)规定运营商应该将施工中使用的危险化

---

① 《清洁空气法》最早颁布于1963年,1970年重新颁布该法,1977年、1990年先后两次对1970年《清洁空气法》进行修正。
② 《安全饮用水法》1974年颁布,1986年、1996年、2005年、2011年、2015年先后经过五次修正。

学品材料清单提交政府备案;1976 年的《资源保护和回收法》(Resource Conservation and Recovery Act)有关于施工废物回收和处理的规定。1984 年,美国国会扩大了《资源保护和回收法》的范围,制定了《危险和固体废物修正案》(Hazardous and Solid Waste Amendments),要求危险废物焚化使用焚化炉,关闭不合格的垃圾填埋场。这些法规均对页岩气开采、生产过程适用。由此,通过相关立法去规范页岩气开采流程,避免可能出现的各类污染问题。

第二节　美国页岩气发展战略的内容及实施

一、美国页岩气发展战略的主要内容

美国国会各项立法对联邦政府页岩气开发项目予以法律保障和经费支持。纵观20 世纪 70 年代以来美国政府在页岩气发展上的众多项目和报告,它们覆盖了美国开发页岩气资源、促进页岩气行业发展的决心、定位和方向。这里挑选几个具有代表性的项目、战略和报告进行分析。

(1)1976 年《东部页岩气项目》(Eastern Gas Shales Project)

1976 年,联邦政府启动《东部页岩气项目》,期望通过与私营公司之间的合作,改进页岩气开发技术,以提高肯塔基和西弗吉尼亚大砂气田产量。从 1976 年到 1992 年,联邦能源管理委员会每年都增加天然气资源研究所的研究预算,将天然气出口关税用于页岩气等非常规能源开采技术的研究。1993 年后,联邦能源管理委员会(Federal Energy Regulatory Commission)负责的项目绩效改革使得具有远大前景的非常规能源的研究获得政府更多的经费资助以及政府更好的服务。联邦能源管理委员会不仅给天然气研究所等机构研究拨出预算,而且还邀请多所大学、研究机构和私营企业加入研发中,由此促进技术突破。此外,从 1980 年到 2000 年,联邦政府对泥盆系页岩气生产放开价格管制,对非常规天然气实行部分税收抵免,政府的一系列扶植政策促使页

岩气开采技术获得突破。

1976 年,联邦政府资助的摩根敦能源研究中心(Morgantown Energy Research Center)的两名工程师获得页岩定向钻井专利。之后,美国桑迪亚国家实验室(Sandia National Laboratories)在微地震成像、水力压裂技术和海上石油钻井技术上获得研究成果,并通过能源部与私营天然气公司的合作、技术应用,取得实际效果。1986 年,天然气公司成功打下第一口空气钻多裂缝页岩气水平井。此后,肯塔基和西弗吉尼亚大砂气田上开始大规模采用水力压裂法和水平钻井技术。

"政-产-学-研"模式使得页岩气开采技术不断进步并趋于成熟,开采成本的下降激发了众多私营公司开发的热情,不仅在东部,在中西部、南部、西部页岩气也得到开发,由此促使美国页岩气产量在 2007 年后大幅提高。

(2)《全方位国家能源战略——通向经济可持续增长之路》(The All-of-the-Above Energy Strategy as a Path to Sustainable Economic Growth)

2012 年 3 月时任奥巴马总统指出:我们不能由一个上世纪的能源战略使我们陷入到过去,我们需要有一个未来的能源战略,这就是为每个美国制造提供能源来源的21 世纪全方位的能源战略。

2014 年 5 月,美国白宫经济顾问委员会提交了《全方位能源战略——通向经济可持续增长之路》报告,该报告将未来能源战略设定了三个目标:第一,支持经济增长和工作创造;第二,增强能源安全;第三,发展低碳能源技术,为清洁能源的未来奠定基础①。

报告指出,美国正在生产更多的石油和天然气,采用可再生能源如太阳能和风能发电,减少(消耗更少的)石油发电量。这些进步给予经济和能源安全带来的好处是,有助于减少能源部门的碳排放量,以应对气候变化带来的挑战。这种趋势有助于推进全方位能源战略。

全方位国家能源战略的内容是:(1)提高能源安全,推广低碳能源技术并为清洁能源的未来奠定基础;(2)提高能源利用效率,降低对化石燃料特别是石油的依赖;(3)规定可再生能源发电量,提高燃料经济性标准,降低碳排放;(4)重视新能源开发,增加投

---

① The WHITE HOUSE, PRESIENT BARACK OBAMA. New Report: The All-of-the-Above Energy Strategy as a Path to Sustainable Economic Growth, May 29, 2014.

资,鼓励新能源相关技术的研究和应用。

值得注意的是,该报告对包括页岩气在内的天然气发展的支持。报告指出,天然气已经充当了未来清洁能源的中心角色,与其他能源资源相比,天然气更加清洁,政府部门正在支持它以更加安全和负责的方式发展。现在建设的天然气发电基础设施未来将会被广泛地部署到可再生能源的发电上。报告将 2006 年、2010 年和 2014 年不同时期能源信息署对天然气产量的预测进行了比较(图 3-1),从图中可见:随着页岩气产量的提高,天然气在清洁能源中的地位提高,政府对天然气产量的预测也在提高。可以确信,在未来 20 多年的时间里,美国政府将继续支持和维护其发展势头。

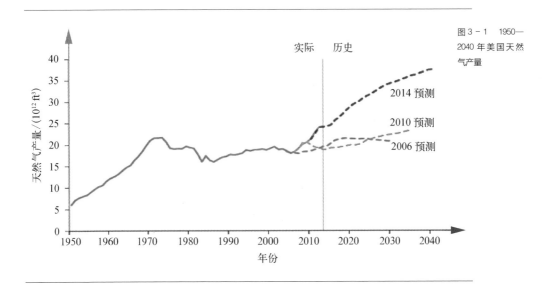

图 3-1　1950—2040 年美国天然气产量

（3）各类研究报告

美国能源信息署每年都会发布有关能源展望的年度报告,并提出未来的能源发展趋势或目标。比如,2015 年 4 月发布的《2015 年度能源展望》(U. S. EIA's Energy Outlook, 2015),重点预测了到 2040 年,美国能源市场的各种因素对美国能源自给率的影响。报告认为,2040 年原油和天然气仍是美国主要的能源种类,但是节能提效将使能源需求温和增长,从而减少美国对进口能源供应的依赖。根据该报告预测,2028 年美国能源进口和能源出口将达到平衡。报告也预测了在不同油价下美国实现能源净出口国的年份：在高油价下,随着生产的增长和能源效率的提高,美国在 2019 年就将成为能源净出口国;而在低油价下,由于国内生产的下降和美国能源消费的增加,到 2040 年美国仍是能源净进口国。

此外,美国能源管理部门也召开了包括页岩气在内的能源与环境方面的会议,提出能源发展中存在的问题。比如,2010 年 12 月在新墨西哥州圣达非,美国能源委员会召开"全球能源和环境问题会议",能源信息管理局副局长霍华德(Howard Gruenspecht) 作了《页岩气和美国能源前景——目前的发展》(Shale Gas and the U. S. Energy Outlook Recent Developments)报告,指出页岩气已经成为在技术性上可开采的资源;页岩气产量的增长,增加了天然气储备;页岩气发电替代煤炭火力发电的关键因素仍在燃料成本;目前和未来天然气价格的下降,将增加对天然气的消费,增加天然气发电机的运营和新建。

二、 美国页岩气发展战略的实施

综上可知,20 世纪 70 年代石油危机使得联邦政府注重起国内非常规能源的开发,能源部出台《东部页岩气项目》,期望通过与私人公司的合作,改进技术,以提高肯塔基和西弗吉尼亚大砂气田产量。1978 年《天然气政策法》将监管权力交给联邦能源监管委员会,并要求逐步取消页岩气等非常规天然气的价格控制,由此促进页岩气等非常规能源产业的发展。1980 年联邦政府又出台《能源法》,提出页岩气等能源的税收抵免政策,制定受益行业规则。1989 年《天然气井口解除管制法》将天然气价格逐步放开,其后 1990 年在纽约商品交易市场上市了天然气期货交易,天然气产业体系发展在逐步完善,但竞争也日益激烈。

20 世纪 90 年代中期,美国天然气工业遭遇困境,一是生产出现徘徊不前甚至滑坡;二是竞争加剧,企业利润暴跌;三是行业分工细化,使得天然气价格上升,这并非对各环节都会带来好处或机遇,不具备竞争实力的经营者面临退出本行业的困境。1995 年美国天然气剩余探明储量同比仅增长 0.94% ,为 $46\,398 \times 10^8\ m^3$,只能维持 8 年开采;天然气产量 $5\,562 \times 10^8\ m^3$,同比下降 0.85% 。全国 16 个产气盆地共有 29.416 5 万口产气井,其中1995年钻了约7 800口,同比下降12%(胡秋平,1997)。

从页岩气行业来看,尽管美国天然气资源研究所的研究和《东部页岩气项目》的实施使得阿巴拉契亚盆地南部和密歇根盆地的天然气产量有所增加,但是直到20世纪90年代末,页岩气行业依然被认为是一个不赚钱的边际行业,2000年美国页岩气产量在天然气总产量中占比仅为1.6%。开采成本的高昂,使天然气公司深信:一旦政府取消各种激励措施,东部页岩气行业就会衰落。因此,20世纪90年代美国国内并没有形成页岩气开发的热潮。1995年《美国地质调查》指出,东部页岩气产量的未来取决于技术进步,而技术进步则需要政府的支持。

事实上,美国政府鼓励页岩气的发展和推动技术突破,这方面的贡献具体表现在以下几个方面。

1. 拨款建立专门的能源研究机构,并加强与私营企业的合作

联邦政府拨款建立天然气资源研究所,与私营公司合作,将实验室的研究应用到实际开发中。早在20世纪70年代末80年代初,联邦政府就开始资助"非常规天然气藏"提取方法的研究项目,包括估算页岩层、致密砂岩和煤层的气体,改善从这些岩石中提取气体的方法。从20世纪80年代至90年代初,米切尔能源公司(Mitchell Energy)结合大裂缝设计、水平井,以及更低成本和水力压裂技术,使得克萨斯州巴耐特页岩区块页岩气的开采具有了经济性。1997年水压增产技术成熟,次年公司通过减阻水压裂法(slick-water fracturing)首次经济地实现了巴耐特页岩的断裂(水平井压裂技术早期试验不太成功,但垂直井压裂技术获得巨大成功);1999年重复压裂增产技术获得突破;2003年水平井技术也趋于成熟;2006年水平井与分段压裂综合技术突破。到2005年,巴耐特页岩很多新的气井采用水平井压裂技术,到2008年水平式钻探井已经占到全部钻探井的94%。

而上述公司在技术上的每一个突破都离不开政府的支持。20世纪90年代,美国能源部天然气资源研究所(Gas Resource Institute)一直在与米切尔能源公司合作,在巴耐特页岩中应用若干技术。米切尔能源公司副总裁后来坦言:开采技术的研究工作"不能减少能源部的参与"。从图3-2可见,随着开采技术的突破,美国页岩气产量逐步扩大,尤其2007年以来增长速度很快,平均每口井的价格变动趋势经过了从上升到下降的过程。开采成本的下降,吸引更多企业加入到页岩气开发中。

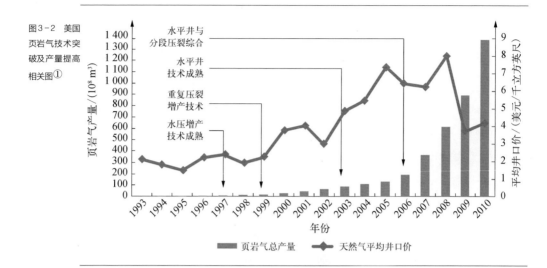

图3-2 美国页岩气技术突破及产量提高相关图①

图例: 页岩气总产量　天然气平均井口价

2. 确立清洁能源天然气发展规划，加大政府的投资力度

首先，政府在技术转换上加大投资。前面我们已经考察了近40多年来政府在包括页岩气在内的清洁能源发展战略上的规划和支持。从近期看，政府对实验室技术转换成企业技术，即科技成果转换上加大了投资。

2016年6月21日，美国能源部宣布投入1 600万美元帮助有前景的能源技术从能源部国家实验室（DOE National Laboratories）走向市场，实现商业化。这个技术商业化基金（Technology Commercialization Fund）将支持12个国家实验室涉及若干个私营部门合作伙伴的54个项目。该基金由美国能源部技术转型办公室（DOE's Office of Technology Transitions, OTT）管理，基金的目的是扩大能源部研究、开发、示范和部署活动投资组合的商业化影响。

2016年国家能源部实验室收到来自实验室系统的104份项目申请书，这些申请分为两个主题：第一，需要额外的技术成熟项目，以吸引私人合作伙伴；第二，在实验室和工业伙伴之间合作开发项目，旨在加强实验室开发技术的商业应用。2016年2月，国家能源部实验室从中挑选部分，要求OTT进行项目拨款。美国能源部科学与能源副部长琳恩·奥尔（Lynn Orr）指出：部署新的清洁能源技术是美国引领21世纪经济和

---

① 中国能源网，http://www.china5e.com，2011－05－09.

应对气候变化的一个重要组成部分,这些项目将有助于加快美国实验室尖端能源技术商业化,促使这些技术能够更广泛的提供给美国消费者和企业。能源部技术转移办公室主任黄捷达(Jetta Wong)认为,国家实验室从事的大量工作,并通过美国能源部的项目使得能源部成为联邦政府内部技术转移的最大支持者之一,技术商业化基金选择将进一步加强能源部将技术推向市场的重要使命。美国能源部国家实验室已经支持了关键性的研究和发展,使得今天市场上出现了很多技术,包括电动汽车、互联网服务器基础、DVD光学数字录音技术等。[①]

其次,政府在开发节能技术上进行投资。2016年6月8日,各国清洁能源部长级会议在美国华盛顿召开,这次会议的主题是"全球照明挑战"。会上,美国能源部宣布将在《高效照明的研究和开发》(Efficient Lighting Research and Development)项目上投资一千多万美元,支持固态照明核心技术研究、产品开发和制造研发9个研发项目,由此加快高质量发光二极管(LED)的发展和有机发光二极管(OLED)的生产,使美国家庭和企业减少电力的使用,通过降低能源成本来确保美国在全球的竞争力。美国能源部长厄内斯特·莫尼兹(Ernest Moniz)指出,固态照明的研发已经在过去15年为美国能源节约了超过28亿美元,进一步改进技术将增加的更多。他估计到2030年,固态照明可以减少近一半的国家照明用电,相当于目前2 400万个美国家庭消耗的能源总量,每年将为家庭和企业节约260亿美元。获得1 050万美元的9个入选的项目见表3-2。

英文名称	中文名称	所在地	技术目标
Cree, Inc.	科锐有限公司	北卡罗来纳州达勒姆	开发高效发光二极管照明灯具、显色性好且具有色光调节功能
Columbia Univ.	哥伦比亚大学	纽约州纽约市	开发量子点,以提高效率、降低二极管成本
GE Global Research	通用电器公司全球研究	纽约州尼什卡纳	开发高效的发光二极管灯具,具有可互换模块,可简化制造和定制性能规格
Iowa State University	爱荷华州立大学	爱荷华州艾姆斯	论证一个方法,即通过改变有机发光二极管的内部特征,可显著增加有机发光二极管白光的输出

表3-2 2016年入选美国能源部资助的9个项目及所属公司和大学[②]

---

① ENERGY. GOV. Announces $16 Million for 54 Projects to Help Commercialize Promising Energy Technologies. June 21, 2016.

② 根据 ENERGY. GOV. Energy Department Invests More than $10 Million in Efficient Rearch and Development. June 10, 2016 信息制表。

（续表）

英文名称	中文名称	所在地	技术目标
Lumenari, Inc.	罗曼纳瑞有限公司	肯塔基州列克星敦	开发窄带宽红色荧光粉,以改善荧光粉转换为发光二极管的效能
Lumileds	亮锐公司	加利福尼亚州圣何塞	提高发光二极管的设计,通过使用图案化蓝宝石基板倒装芯片结构,使其更有效
North Carolina State Univ.	北卡罗来纳州立大学	北卡罗莱纳州罗利	研究一种方法,让更多的发光二极管使用低成本的波波基板
Pennsylvania State Univ.	宾夕法尼亚州立大学	宾夕法尼亚州斯泰特科利奇	开发一条途径,能更好地理解和预测发光照明面板,以降低故障率和发生短路
University of Michigan	密歇根大学	密歇根州安娜堡	开发三个创新方法,以利用有机发光二极管的光
合　计	5所高校和4家公司		经费:1 050万美元

这些项目将有助于进一步降低成本,提高照明产品的质量,带来的成本降低贡献相当于对公共-私营部门投资了1 350万美元。

最后,政府在可再生能源技术研究上进行投资。2016年6月14日,美国能源部公布在核能研究、设备接入、横切技术开发上投资8 200万美元,并且在28个州设立基础设施奖,共有93个项目获得基金。这一资助有助于推动创新的核技术商业化和进入市场。这些奖项通过核能大学项目(Nuclear Energy University Program)、核科学用户设施(Nuclear Science User Facilities)、以及核能技术学(Nuclear Energy Enabling Technology)项目,为核能相关研究提供资助。除了财政支持外,若干基金获得者通过核加快创新网关(Gateway for Accelerated Innovation in Nuclear)接受技术和监管援助。能源部长厄内斯特·莫尼兹指出,核能是美国最大的低碳电力来源,是既能提供负担得起的电力供应,又能应对气候变化的一个重要组成部分。为此在核能研究上的奖项将有助于科学家和工程师们在先进核能技术上继续创新[1]。

3. 加强北美自由贸易区成员国的合作,实现能源技术创新

2016年6月,第七届清洁能源部长级会议在美国旧金山召开,美国能源部长、加拿大自然资源部长、墨西哥能源部长回顾了他们之间为促进能源可持续发展、为应对气

---

[1] ENERGY. GOV Energy Department Invests $82 Million to Advanced Nuclear Technology. June 14, 2016.

候变化并鼓励经济增长的合作。三国部长共同确定在清洁能源创新技术上进行合作，并将此作为北美优先事项。宣布加快清洁能源研究和发展，作为创新计划的一部分，未来五年投资增加一倍；通过招募企业实施 ISO 50001 标准去改善工业中的能源效率，提高北美经济竞争力；为企业提供工具和培训资源，促进标准实施；开展北美可再生能源一体化研究，整合不断增长的可再生能源，如太阳能、水能和风能进入电网中；通过继续对清洁能源解决方案中心的支持，进一步推进清洁能源、能源创新以及转向低碳经济。三个国家的共同愿景是加快清洁能源的发展，以解决气候变化和能源安全，共同推进清洁能源的增长。分析认为，只有当北美向低碳经济转型时，北美才可能成为全球能源的领导者[①]。

综上可见，美国政府的研发投入、政策支持、立法保障，促使页岩气开采技术取得进展。巴耐特页岩水力压裂开采技术的突破使得页岩气可以更经济的方式提取，规模生产成为可能，天然气生产潜力成倍提高。加上这一时期油气价格不断上涨，为页岩气等非常规天然气的大规模商业化开采奠定了基础。而国际社会对低碳经济的强调，进一步推动政府在天然气等清洁能源使用上的支持力度，以及企业采取能源替代的行动，如发电行业以天然气替代煤炭、运输业中以天然气替代石油、冶炼业中以天然气替代煤炭使用等。需求刺激供给，推动从得克萨斯、路易斯安纳、宾夕法尼亚、阿肯色，以及俄克拉何马、西弗吉尼亚等诸多州开采页岩气的热情，由此页岩气产量不断提高。天然气生产中来自页岩气的比重开始增加，天然气在一次能源中的比重也随之上升。

根据国际能源署（IEA）统计，天然气储采比从 125 年增加到 250 年[②]。1996 年，美国页岩气产量为 85×10^8 m³，在天然气产量中占比 1.6%；到 2006 年，页岩气产量已经提高到 310×10^8 m³，占比上升到 5.9%。2005 年，美国页岩气气井达到 14 990 口，2007 年已经猛增到 4 185 口（Kuuskraa V A，2007；Durham L S，2008）。

值得一提的是，美国非常规天然气开发内容多样，包括页岩气、致密气、以及煤层

①　ENERGY. GOV. Energy Department Invests $82 Million to Advanced Nuclear Technology. June 14, 2016.

②　ENERGY. GOV. Canada, Mexico and the United States Show Progress on North American Energy Collaboration. June 3, 2016.

气等。20 世纪 70 年代中期后,美国不仅对国内的页岩气的开采技术进行研究,对致密
气、煤层气等其他非常规油气的勘探和研究的步伐也都在进行,页岩气的开采技术也
应用到或启发了其他非常规油气的开采和技术研究。

当然非常规天然气开发中规模最大的还是页岩气。根据国际能源信息机构统计,
2008 年美国页岩井开采量达到 2.87×10^{12} ft³,已经超过煤层气井 2.02×10^{12} ft³ 的开
采量,其后产量快速增加,到 2011 年已经达到 8.5×10^{12} ft³。而该年非常规天然气井
开采量在所有油气井开采量中的比重已从 2007 年的 16.18% 上升到 36.1%。

图 3-3 显示的是 2000—2014 年美国非常规天然气产量变化状况,从图中可见,直
到 2010 年致密气产量($1\ 550.88 \times 10^8$ m³)仍高于页岩气产量($1\ 549.95 \times 10^8$ m³),但
次年页岩气产量已经猛增到 $2\ 276.08 \times 10^8$ m³,到 2014 年已经增加到 $3\ 787.71 \times 10^8$ m³,而致密气从 2011 年开始有所下降,到 2014 年下降到 $1\ 277.09 \times 10^8$ m³。

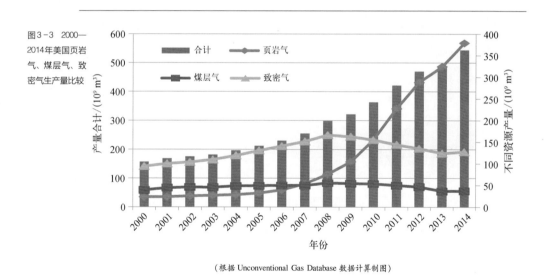

图 3-3 2000—2014年美国页岩气、煤层气、致密气生产量比较

(根据 Unconventional Gas Database 数据计算制图)

根据美国能源署化石能源办公室数据,2015 年美国页岩气产量已经在天然气产量
中占比达 16%,至今比重还在不断增加。

美国页岩气生产规模井喷式的扩大,使得世界各类能源研究机构对其产量的预测
不断修正。图 3-4 是英国石油公司(BP)《2016 年能源前景》中对 2015—2035 年未来

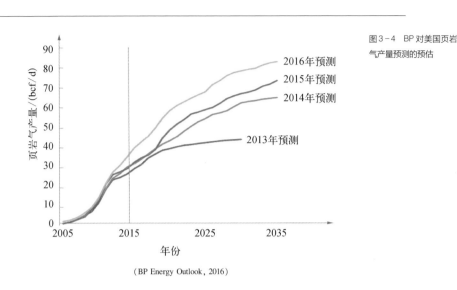

图 3-4　BP 对美国页岩
气产量预测的预估

（BP Energy Outlook, 2016）

20 年美国页岩气产量预测连续四年（2013 年、2014 年、2015 年、2016 年）的修正图，从图中可见每次预测都比前一次有所提高。

第三节　美国页岩气发展战略的实施效果

美国东部页岩气的成功开发引起了具有相同地质条件的中西部、南部、西部地区各州纷纷效仿，尤其是在经济不景气的时候，地方政府将页岩气开发视为促进就业、刺激地方经济的重要途径，给予政策支持。为此，一大批中小型企业进入页岩气开采热潮中。各州页岩气开发的热潮，最终导致美国出现"页岩气革命"。

一、天然气产量提高

所谓"页岩气革命"是指随着开采技术水平的不断提高和重大突破，使得人们对页岩气的勘探开发形成热潮,一种清洁的、非常规天然气被大量开采,并逐渐地取代污染较大的石油和煤炭为动力能源;这一替代不仅带来能源结构的变化,而且还带来供电系统、生产工艺的变革;清洁低碳的概念进入人们的头脑,为最终可再生能源的再替代奠定思想上的基础。

总结美国"页岩气革命"的产生原因,除了能源短缺的压力、政府政策的引导、产学研的技术创新模式或体制、国会的立法保证、中小私营企业的投资热情等因素外,美国国内页岩气资源的丰富也是一个重要因素。美国本土48个州都拥有页岩或页岩气产生的条件。据美国能源信息署统计,全国页岩气资源总储量约为 187.5×10^{12} m³,技术可开发量超过 24×10^{12} m³。目前已发现落实的页岩气区块有20多个。仅西部页岩油潜在可采量就达8 000亿桶,相当于沙特阿拉伯已探明石油储量2 670亿桶的2倍[①]。

美国"页岩气革命"首先带来天然气产量的提高。表3-3显示的是美国各州页岩气井的产量,从中可见得克萨斯、路易斯安纳、宾夕法尼亚、阿肯色、俄克拉何马等州页岩气井产量快速增长。美国政府认为,大力开发页岩气等非常规天然气资源,不仅有助于降低美国能源对外依赖度,减少进口和贸易逆差,同时还可以增加美国运输燃料供应以及来源的多样化,降低工业成本,并且通过开发页岩油(气)为美国创造成千上万个就业岗位。为此,联邦政府计划到2020年将天然气产量中的页岩气比重提高到64%[②]。目前,美国西部70%以上的页岩油气区属于联邦政府的土地,处于封闭的、未开发的"冬眠"状况,如何加以规划,注意环境保护,利用先进的技术进行开发,是美国政府正在考虑和筹划的工作。

表3-3 2007—2014年美国各州页岩气产量[③] 单位：10^8 ft³

州　名	2007年	2008年	2009年	2010年	2011年	2012年	2013年	2014年
得克萨斯	9 880	15 030	17 890	22 180	29 000	36 490	38 760	41 560
宾夕法尼亚	10	10	650	3 960	10 680	20 360	30 760	40 090
路易斯安纳	10	230	2 930	12 320	20 840	22 040	15 100	11 910
阿肯色	940	2 790	5 270	7 940	9 400	10 270	10 260	10 380

① http://www.china5e.com/；www.api.org.和www.api.org.
② American Petroleum Institute. Facts About Shale Gas.
③ 根据 U. S. Energy Information 数据制表。

（续表）

州　名	2007 年	2008 年	2009 年	2010 年	2011 年	2012 年	2013 年	2014 年
俄克拉何马	400	1 680	2 490	4 030	4 760	6 370	6 980	8 690
西弗吉尼亚	0	0	110	800	1 920	3 450	4 980	8 690
俄亥俄	0	0	0	0	0	140	1 010	4 410
北达科他	30	30	250	640	950	2 030	2 680	4 260
科罗拉多	0	0	10	10	30	90	180	2 360
密歇根	1 480	1 220	1 320	1 200	1 060	1 080	1 010	960
蒙大那	120	130	70	130	130	100	190	420
怀俄明	0	0	0	0	0	70	1 020	290
新墨西哥	20	0	20	60	90	130	160	280
加利福尼亚					1 010	900	890	30
弗吉尼亚						30	30	30
肯塔基	20	20	50	40	40	40	40	20
密西西比						20	50	20
堪萨斯						10	30	10
全国	12 930	21 160	31 100	53 360	79 940	103 710	114 150	134 470

注："0"表示产量不足 10×10^8 ft^3；空格表示没有产量。

　　当然，各州页岩气生产状况不一。从表 3 - 3 可见，一些州如得克萨斯、宾夕法尼亚、俄克拉何马、西弗吉尼亚、俄亥俄、北达科他、科罗拉多等州的产量增长的很快；而一些州，如阿肯色产量增长缓慢；还有一些州出现产量下降的情况，如路易斯安纳、怀俄明、加利福尼亚等州。不过，就全国而言，总产量还是在不断上升，因为不断出现页岩气产量达到或超过 10×10^8 ft^3 的州，2007 年有 10 个州页岩气产量超过 10×10^8 ft^3，2009 年有 13 个州，2010 年有 14 个州，2011 年 15 个，2012 年达到 18 个。

　　图 3 - 5 为 2007—2014 年美国气井生产总量页岩气占比，图 3 - 6 为 2011 年 1 月—2016 年 1 月各类能源净发电量变动比较。从图 3 - 5 和图 3 - 6 可见，天然气气井中来自页岩气井的产量和比重在不断上升，发电量也在上升。根据美国能源信息管理局预测，2016 年天然气发电量将达到创纪录水平，预计平均每天将提供 380 × 10^4 MW · h，比前一年高出 4%。

图3-5 2007—
2014 年美国气
井生产总量中页
岩气占比①

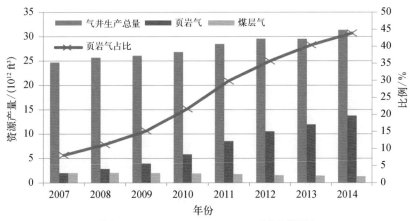

（根据 U. S. Energy Information Administration 数据计算制图）

图3-6 2011 年
1 月—2016 年 1
月各类能源净发
电量变动比较②

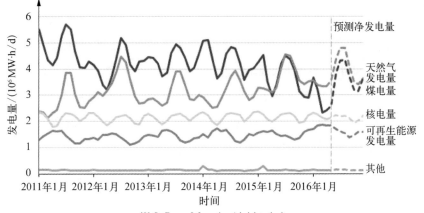

（U. S. Energy Information Administration）

二、就业岗位增加

图 3-7 为 2010 年 1 月—2016 年 11 月美国失业率变动情况,从图中可见,经济危

---

①　http://www.eia.gov/dnav/ng/ng_sum_lsum_dcu_nus_a.htm.
②　http://www.eia.gov/todayinenergy/detail.cfm?id=27072.

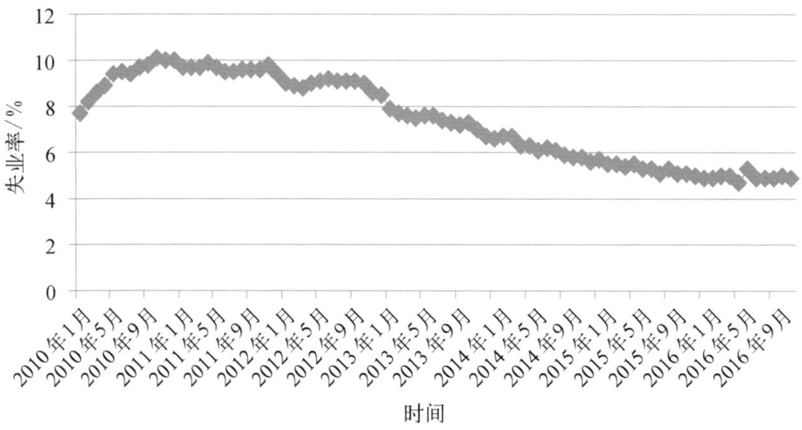

图3-7 2010年1月—2016年11月美国失业率变动

注：按16岁及16岁以上就业情况计算。

（根据 Bureau of Labor Statistics，United States Department of Labor 数据制图）

机后美国通过量化宽松、新能源开发等政策刺激经济，取得一定的成效，表现为失业率不断下降。2010年10月美国失业率高达10.1%，到2016年11月已经下降到4.9%，虽然不少政策在经济复苏、失业率下降上发挥了作用，但鼓励新能源开发、页岩气大开发等政策，无疑对得克萨斯、宾夕法尼亚、俄克拉何马、西弗吉尼亚、北达科他等州的就业岗位的增加作出了重大贡献。

图3-8显示的是2000—2016年美国各页岩区块干页岩气（dry shale）日产量情况，这场"页岩气革命"不仅给各州带来就业好处，也带来一定的收入。

三、 能源自给率增强

页岩气大开发使美国天然气进口量下降，能源对外依赖度下降。2007年，美国天然气净进口量每天超过 $3\,531 \times 10^8$ ft^3，到2015年已经下降到每天 26×10^8 ft^3。

图3-9为美国天然气贸易、生产和消费情况。从图3-9可见，自2005年后美国天然气净进口持续下降，净出口不断增加。虽然美国天然气消费量除2009年经济危机时一度下跌，但总体趋势上升，同时，天然气生产量也在增加，2015年接近消费量。美

图 3 - 8 2000—2016 年美国各地干页岩气日产量①

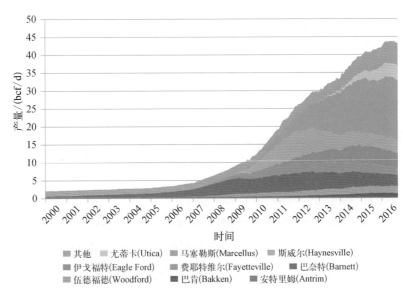

注：国际能源机构(EIA)数据来自各州数据，它由钻井信息公司(DrillingInfo Inc.)收集，采集时间为 2016 年 7 月，代表 EIA 页岩气官方估计，而不是调查数据。

（根据 U. S. Energy Information Administration 数据制图）

图 3 - 9 1980—2015 年美国天然气贸易情况②

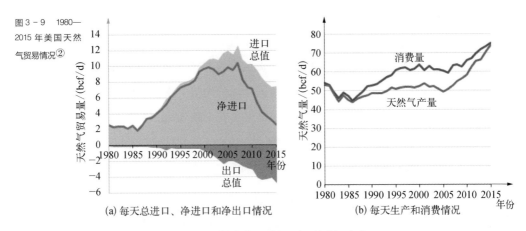

(a) 每天总进口、净进口和净出口情况 　　(b) 每天生产和消费情况

（U. S. Energy Information Administration）

---

① http://www.eia.gov/energy_in_brief/article/shale_in_the_united_states.cfm.
② http://www.eia.gov/todayinenergy/detail.cfm?id=26032.

国进口的天然气主要来自加拿大管道天然气,少量液化天然气来自特立尼达(乌拉圭西南部城市),并有所下降;美国的天然气主要出口到墨西哥和加拿大,此外,液化天然气和压缩天然气出口到多个国家。美国能源信息管理局预计,到2017年年中,美国将成为天然气净出口国。

四、 为再制造业化战略提供低成本贡献

页岩气产量的井喷式增长,带来天然气价格的下降,这一状况一方面使制造、运输等行业降低成本,但另一方面也使天然气行业利润减少。不过在经济景气、需求旺盛时,一些实力雄厚的页岩气企业通过扩大生产规模可以应对,但在经济不景气、需求减少时,一些企业就难以维系了。这是因为页岩气的开采初始需要投入很多。2014年7月底后,国际油价持续下跌,在给消费者带来好处的同时,减少了能源部门的利润,影响到美国如火如荼的页岩气大开发。

21世纪初以来,国际油价从每桶20美元左右上涨到100美元以上,加上页岩气钻井技术的突破,很多中小企业纷纷进入有利可图的页岩气开采中。2014年,欧洲、日本经济疲软、新兴经济体国家经济增长速度放慢,世界一次能源总需求增幅仅为0.9%。而美国、加拿大页岩气等非常规能源的开发扩大了世界能源的总供给量,能源领域出现供过于求的状况,最终导致国际油价大幅下跌。2014年7月31日,美国西得克萨斯轻质原油期货价从每桶100多美元下跌到98.17美元,9月11日英国北海布伦特和阿联酋迪拜原油伦敦市场离岸价也下跌到百元美元以下,这以后原油价格持续下跌。2014年12月26日,这三种原油每桶价格已经分别下跌至54.73美元、58.91美元、55.86美元。石油价格下跌直接影响到天然气价格的下跌和经营生产,美国很多中小型页岩气开采企业开始入不敷出,债台高筑,生产难以维系。根据标准普尔研究显示,大约有三分之二的中小型页岩气生产企业因原油价格下跌面临破产。

图3-10显示的是美国纽约商品交易所天然气期货收盘价,从图中可见,2014年8月天然气价格下跌,11月一度有所上升,但直至2015年6月基本趋势是下降的。一年

图 3 - 10　2014 年 7 月—2015 年 6 月 美国纽约商品交易 所天然气最近期货 收盘价①

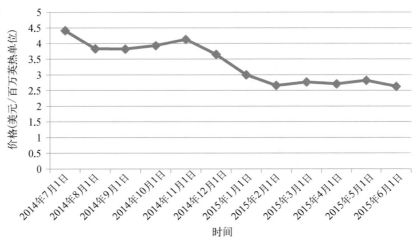

注：英热单位为 1 大气压的定压条件下，1 磅纯水由 32F 上升到 212F 时，平均每升高 1F 所需的热量。

里天然气的价格从 2014 年 7 月 3 日的 4.41 美元/百万英热单位下降到 2015 年 7 月 2 日的 2.82 美元/百万英热单位。

　　价格的下跌也起到优胜劣汰的作用，真正有效率的开发商生存下来。较低的天然气价格也成为美国"再工业化"战略制定者确立目标实现的一个基本依据。新能源技术的创新是以降低能源开发和生产成本为主要目标的，由此为制造业提供廉价的动力燃料。图 3 - 11 显示的是美国能源信息管理局在《2016 年度能源展望》中有关推动工业和电力部门使用美国天然气消费量增长的预测，从图中可见，2005—2015 年电力部门和工业部门天然气消费量在不断增加，未来 25 年这两个部门的天然气消费量将会有所扩大。此外，运输部门天然气消费量也会有一定的增加，但居民住宅和商业使用天然气数据会保持不变，甚至有所下降，当然其中有可再生能源（太阳能、风能、地热、生物质能等）的使用范围扩大和节能提效因素。

　　根据美国能源信息管理局预测，美国天然气消费量将从 2015 年的 28×10^{12} ft^3 增加到 2040 年的 34×10^{12} ft^3，年均增长约 1%。其中，工业部门和电力部门的天然气消

① 根据中华人民共和国商务部数据制图。

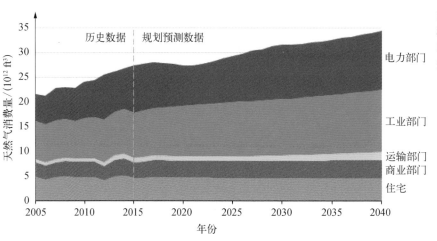

图 3-11 2005—
2040 年按最终使
用部门计算的美国
天然气消费量①

费量将分别增长 49% 和 34%。

当然,美国页岩气的开发也面临着资源浪费等问题。由于价格的低廉,开发商不愿意通过建造管道和储气罐来处理生产过程中释放的天然气,不少油气田的天然气被白白地燃烧掉。根据报道,2012 年美国北达科他州空烧的天然气总量比前一年上升了约 50%;仅仅五年,美国白白烧掉的天然气就增加了两倍②。这不仅是对资源的极大浪费,而且也造成温室气体的排放,给环境带来影响。为此,联邦政府对此加强了监管。

第四节　美国页岩气发展战略对本国经济和世界能源市场的影响

美国页岩气发展战略不仅正在对本国经济产生影响,而且也正在对世界经济产生影响。

---

① U. S. Energy Information Administration. Annual Energy Outlook 2016, May 26, 2016.
② 页岩气繁荣现在可从太空看到. 参考消息,2013 - 01 - 29(4).

一、 对国内经济的影响

（1）美国对外油气依赖度不断下降。2000 年美国页岩气出口在能源出口中的份额不足 2%，2010 年已经达到 23%，估计 2035 年将达到 49%。美国对进口石油的依赖度也迅速降低，2005 年美国进口石油占全国石油消费 60%，2012 年下降到 40%。图 3-12 显示的是 70 年代以来美国天然气进出口变化情况，从图中可见，随着美国国内页岩气开发，天然气进口量出现下降，出口量增多，净进口量减少。

图 3-12　1973—2015 年美国天然气进出口变化①

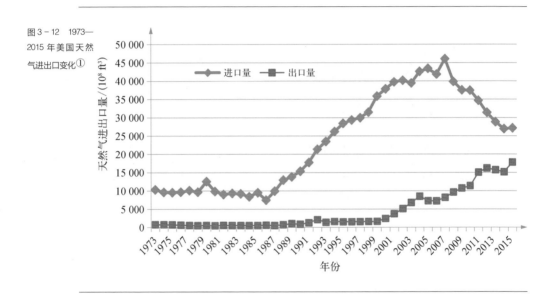

2015 年美国天然气进口量为 2.716×10^{12} ft^3，出口量为 1.783×10^{12} ft^3。出口目的地为加拿大、墨西哥、日本、中国台湾、巴西、土耳其和埃及等国家和地区。

（2）油气价格联动机制减弱。2009 年初至 2010 年 3 月 1 日，原油价格上涨 73%，但美国天然气价格却下降 15%。2012 年世界原油价格每桶高达 110 美元左右，天然气为 9~18 美元/百万英热单位，但美国国内天然气最便宜时只卖到 2 美元（图 3-13）。

从图 3-13 可见，2010 年前，原油价格与天然气价格变动趋势除个别年份例外，大

① 　http://www.eia.gov/naturalgas/data.cfm.

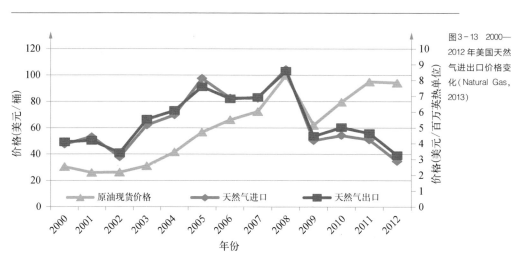

图 3 - 13 2000—2012 年美国天然气进出口价格变化（Natural Gas, 2013）

注：1. "原油现货价格"为俄克拉何马州库欣的西得克萨斯原油现货离岸价格。

2. "天然气进口"或"天然气出口"包括管道天然气与液化天然气的进口或出口。

（根据 U. S. Energy Information 数据制图）

体相同；2010 年开始出现偏差：原油价格上涨，天然气价格却下降。

同样，图 3 - 14 显示的是 2010—2014 年美国原油和天然气价格变动情况，从中可见，2011 年、2014 年两者价格变动方向并不一致。

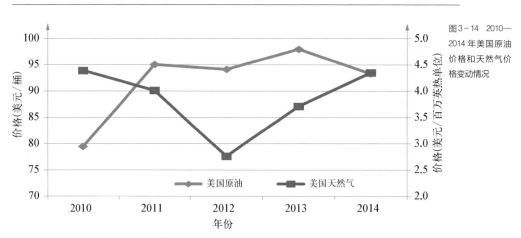

图 3 - 14 2010—2014 年美国原油价格和天然气价格变动情况

注："美国原油"指西得克萨斯中质原油现货价格；"美国天然气"指美国亨利中心天然气价格。

（根据 BP Statistical Review of World Energy, 2015 数据制图）

（3）传统能源出现替代应用。比如,在交通行业中,增加天然气替代石油;在发电行业中,增加天然气替代煤炭。2005—2010 年,美国用于交通的燃料天然气消费量增长了 43.5%,页岩油气发电在天然气的消费总量中从 2005 年的 26% 攀升至 2010 年的 30.1%。从能源结构看,石油和煤炭的比重下降,分别从 2005 年的 39.9% 和 24.4%,下降到 2015 年的 37.3% 和 17.4%;而包括页岩气在内的天然气比重显著增加,从 24.2% 提高到 31.2%。换言之,清洁能源的比重从 35.6% 增加到 45.3%（图 3 – 15）。

图 3 – 15
2005—2015
年美国能源
结构变化

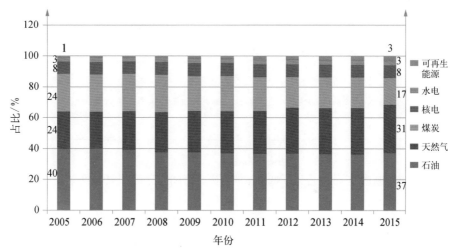

（根据 BP Statistical Review of World Energy, 2007—2016 历年数据计算制图）

（4）创造就业。从图 3 – 16 可见,自 2003 年以来,美国采矿业（包括石油和天然气开采）就业人数（除 2009 年经济危机时期有所下降外）逐年增加,已从 52.5 万人增加到 2012 年的 95.7 万人,年均增长 6.9%。9 年来就业人数在总就业人数中的比重从 0.38% 上升到 0.67%。

（5）促进区域经济的增长。各地页岩气的开发不仅给本地带来经济收入,还带来新的就业机会。比如,2008 年马塞勒斯（Marcellus）页岩气的发展给宾夕法尼亚州带来了 23 亿美元的经济收入,创造了 2.9 万个就业机会,给州政府和当地政府带来 2.4 亿美元的税收。

（6）为制造业的发展提供廉价能源。2010 年以来,美国页岩气商业化发展为正在

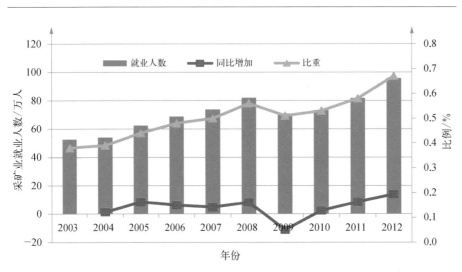

图 3 - 16
2004—2012
年美国采矿
业就业人数
及变化状况

注：1. 采矿业包括采矿、采石和石油与天然气开采;2. "同比增长"指即年采矿业就业人数比前一年人数增加量(2009 年出现减少)。

（根据 Labor Force Statistics from the Current Population Survey, 2004—2013 历年数据计算制图）

推进的"重振制造业"战略提供了低成本的保障,低廉的天然气能源减缓了制造业成本上涨的压力。

二、 给他国乃至世界能源市场带来的影响

美国的"页岩气革命"也给他国带来程度不一的影响。

（1）主要油气进口来源地遭受冲击。比如,北美自由贸易的加拿大、墨西哥对美国的管道天然气出口量不断下降。在美加贸易中,天然气管道贸易是一项重要内容,加拿大管道天然气出口 100% 输往美国。2001 年美国来自加拿大的管道天然气进口量达 1 090.2 × 10^8 m³,来自墨西哥的为 6.5 × 10^8 m³;到 2012 年分别下降到 838 × 10^8 m³ 和 0。美国国内天然气价格的不断下降也直接影响到来自加拿大和墨西哥的管道天然气的进口价格。

当然,石油进口来源地受到页岩气开发的影响则各有不同。比如,美国从墨西哥、

中南美洲、西非、欧洲等地的石油进口有所下降,但来自中东和加拿大的石油进口在增多。原因有以下几点。第一,石油因其产品链(如石油化工品的原料)将继续作为主要能源存在多年,不可能完全被其他能源所替代。根据英国石油公司(BP)数据,2011 年美国石油已探明储量 37×10^8 t,占世界总储量的 1.9%,石油储采比为 10.8,远远低于世界平均储采比的 54.2。2012 年美国石油已探明储量提高到 42×10^8 t,占世界总储量的 2.1%,但石油储采比只有 10.7,低于世界平均储采比的 52.9。为此,美国需要进口一定数量的原油来保证石油供应安全,主要原油产地对美的石油供应不会下降很多。第二,中东一些国家的石油提炼技术比较落后,常常出口原油、进口汽油等石油产品,美国石油冶炼业利用其先进的提炼技术,为中东等地加工一定量的石油产品,而这一业务不会受"页岩气革命"的影响。第三,其他因素也会影响到美国进口石油状况。比如美国石油跨国大公司对产油地的投资、与产油国的贸易合同签订与履行、拉美地缘政治因素以及欧洲产油地资源状况等,都会影响到美国从这些国家的石油进口状况。

根据美国能源信息机构 2013 年对未来天然气生产、消费和进口趋势进行预测,2040 年美国天然气产量将以每年 1.3% 的速度增长,到 2019 年天然气产量增长额将超过国内消费增长额,由此推动天然气净出口增长幅度。2011 年美国天然气消费超过国内天然气生产 8%,但到 2040 年美国生产将超过消费 12%。美国从天然气进口国转向天然气出口国的主要因素是页岩气产量的大幅增加。净出口增加部分大部分通过管道出口到墨西哥,来自加拿大的天然气进口将减少,如果允许液化天然气(LNG)更多的出口,则天然气净出口量还将更快攀升①。

(2)可再生能源发展受到影响。自美国大力开发页岩气以来,可再生能源的开发步伐相对缓慢。根据皮尤慈善基金会和彭博新能源财经 2013 年 4 月发布的报告,2012 年美国绿色能源投资为 356 亿美元,比之前一年下跌 37%。自 2009 年以来,除了 2011 年重新居于世界绿色能源投资最多国家外,美国投资均少于中国,居于全球第二,2012 年中国在风力发电站上的投资达 650 亿美元②。

---

① Modern Shale Gas Development in the United States: An Update, Sept, 2013.
② 中国在绿色能源投资方面打败美国. 美国有线电视新闻国际公司网站,2013 - 04 - 17.

值得注意的是,目前在美国的带动下,加拿大、墨西哥、阿根廷、澳大利亚、中国、印度、印度尼西亚等国都对页岩气进行了勘探或开发。由此可以预测未来10年能源结构中作为第三大能源的天然气将超过煤炭,成为第二大能源,甚至可能与石油并驾齐驱。由此也将减缓非化石能源即可再生能源的开发力度。

(3)世界地缘政治和能源供应格局将改变。随着页岩气的大开发,美国能源自给程度不断提高,中东的能源战略地位正在发生转变,美国对外战略的重心已从保证能源供给安全转移到保护国土安全和经济安全。目前,美国石油协会正在呼吁政府批准天然气出口,期望分享国际市场高油价利润,政府也谨慎地希望通过扩大油气出口来弥补贸易逆差。不过,油气下游行业却担心出口将拉动国内油价的提高,从而削弱能源成本的竞争优势。无论如何,油气自给率的提高与出口的增加,都将提高美国在世界油气领域的话语权,增加在世界经济中的影响力。

(4)抑制油气价格飞涨状况。一旦美国大规模出口天然气,以及随着其他国家也着手大力开发页岩气资源,世界油气价格的飞涨状况将会得到一定的抑制。

分析2014年油气价格下跌的原因,主要有以下几个因素。

第一,美国非常规能源的迅速发展增加了全球能源的供应量。2014年世界石油生产 42.2×10^8 t,比上一年增加2.3%;消费 42.1×10^8 t,只增加0.8%。其中,北美生产增加10.5%,但消费下降0.1%;中东的生产增加1.1%;欧洲石油消费比前一年下降1.2%。观察发现,世界油气产量的增加,有相当一部分来自美国非常规能源大开发带来的增量。图3-17显示的是自1990年以来美国非常规天然气(包括致密气、煤层气和页岩气)的生产状况,从图中可见,非常规天然气总产量在不断提高,尤其是2007年页岩气开采水力压裂技术的突破,其后产量迅速增长。根据国际能源署数据,目前全球非常规天然气产量在天然气生产中已经占到17%的比重,到2040年将提高到31%(安妮·费茨,2015)。

除了开发非常规天然气外,美国还大量开发非常规石油,比如致密油和页岩油。2014年仅在北达科他州、得克萨斯州和新墨西哥州的油田的非常规石油日产量就达到360万桶[1]。图3-18显示的是2010—2014年美国致密油的日产量,从中可见,五年中

---

[1] 参考消息,2015-06-12(4).

图 3 - 17
1990—2014
年美国非常
规天然气产
量变化状况①

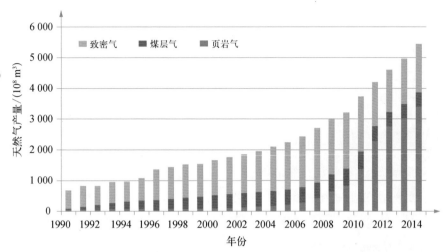

注：图内 2013 年页岩气数据来自美国《国际先驱报》，2014 - 12 - 04. 2014 年页岩气数据根据 PAM 中国聚丙烯酰胺网，2015 - 06 - 01. 2013 年和 2014 年致密气和煤层气数据为估计数，其中致密气估计数的计算基于 2012 年实际数据、根据国际能源署估计的 2020 年美国致密气将达到 2 600 亿立方米需年均增长 6.56% 计算得出；而煤层气数据根据美国煤炭产量与煤层气产量之间的正相关关系（根据 2011 年和 2012 年数据计算的煤炭产量每下降 1%，煤层气产量就下降 0.156 748 9 个百分点）以及 2013 年和 2014 年煤炭数据计算出煤层气数据。1990 ~ 2012 年数据来自 IEA，Unconventional Gas Database。

图 3 - 18
2010—2014
年美国原油
生产中非常
规原油致密
油的日产量
（赵前，2014）

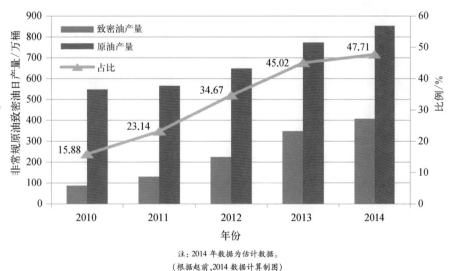

注：2014 年数据为估计数据。
（根据赵前，2014 数据计算制图）

① 根据 Internation Energy Agency 数据库数据制图。

致密油在原油中的比重不断上升,2013 年已经超过 45% 的比重了。根据国际能源署报告,2014 年美国原油产量日产量 1181 万桶,比上年增加 150 万桶,超过俄罗斯的原油日产量,成为世界最大的原油生产国①。

非常规油气的开发,不仅提高了美国能源的自给能力,也增加了世界的供应量。从石油产量看,2014 年中东地区日产石油量 2 855.5 万桶,比上年增长 1.27% ;美国日产石油量 1 164.4 万桶,比上年增长 15.64% 。

第二,油气最大用户经济增长疲软或增幅降低,导致油气需求下降。2014 年世界各国经济增长依然不平衡,虽然北美国家经济复苏,但油气大户欧洲的经济依然疲软,而中国经济增长速度也在放缓,从而世界油气需求难以与供应同步增长,甚至出现下降。虽然中国在油价大幅下降时增加进口,增加储备,但最大消费经济体欧盟油气消费的下降(石油和天然气消费分别下降为 −1.55% 和 −11.65%),仍然难以阻挡油气价格下跌势头。

第三,中东石油国为维持财政稳定,或坐看美国高成本页岩企业淘汰出局,竞相增产。石油输出国组织(OPEC)成立于 1960 年,成立之初的目的是为了统一和协调成员国的石油政策,稳定和繁荣石油市场。为了稳定油价,OPEC 实行原油生产配额制度,当油价下跌时各成员方按照比例相应减产,油价上升过度时则增产。但是当 2014 年 7 月后原油价格出现不断下跌,甚至一度下跌到 50 美元以下时,OPEC 主要成员如沙特阿拉伯等国在美国的减产呼吁下,不仅不减产,反而扩大生产,以保持市场份额。有媒体认为,OPEC 的这一态度就是为了打击与之竞争市场份额的美国页岩气(油)企业。

第四,气候因素。欧洲是世界天然气主要消费地区,2014 年欧洲中部冬季天气的温和使得欧洲天然气消费大幅下滑,全年天然气消费比上年下降了 11.6% ,一定程度上减少了欧洲的天然气消费量。

由此,尽管 2014 年美国因乌克兰问题对俄罗斯实行经济制裁,影响到俄罗斯的天然气贸易,但是由于上述因素的综合作用,世界油气价格不升反而下降。

---

① 参考消息,2015 − 02 − 13(4).

本章小结

综上可见,美国页岩气发展战略是通过白宫规划、国会立法、政产学研合作的路径加以推进的。20 世纪 70 年代中期面对国际能源价格波动,联邦政府提出开发包括页岩气在内的非常规能源,期望以此扩大国内能源供给量,保障能源安全。行政部门推动国会立法,对页岩气等非常规天然气生产实行税收优惠和补贴政策。

20 世纪 90 年代中期,面对国内天然气产量下滑、国内外环境保护运动的高涨以及经济可持续发展困境,政府提出加大可再生能源、天然气(包括页岩气)等清洁能源的开发,加大页岩气技术创新,以保护环境,稳定能源价格。行政部门推动国会通过立法,加大政府在研发中的预算拨款,以及鼓励政、企、学合作,促使页岩气开采技术获得重大突破。

2009 年以后,面对经济危机,美国政府强调页岩气行业在创造就业、降低制造业燃料成本,实现在制造业化战略上的至关重要的作用。同样通过推动立法,实现财政预算拨款,资助可再生能源的技术创新,授予地方政府发行清洁能源债券、可再生能源债券等一定权力。

页岩气资源遍及世界各地,根据美国政府多家机构组成的研究团队对 32 个国家、49 个页岩气沉积盆地的初评,全球页岩气技术可采资源量 29.2% 在北美,27% 在亚太,43.8% 在其他地区,其中,中国页岩气资源最为丰富,约占世界总量的 20%。但是"页岩气革命"最先发生在美国,究其原因,在于美国比其他国家更具备以下开发条件。第一,科研的深入与技术的创新。研究团队多年的钻研与企业的实践结合在一起,使得水力压裂法和水井钻井技术等开采技术获得突破性进展及改善,成本不断下降。第二,政府政策的支持。政府加大科研经费的投入,实施新能源开发补贴政策,通过政策推进企业能源转换、替代、并网。第三,能源价格的上涨。21 世纪初以来的能源价格上升为页岩气的大开发提供了可能,利润空间的增大激发了中小型私营企业投资的热情。美国页岩气发展战略的实施也给予包括中国在内的很多国家的页岩气开发提供了一定的借鉴。

第四章

加拿大页岩气
发展战略研究

加拿大是继美国之后第二个对页岩气进行开发的国家,该国土地面积广阔,人口相对稀少,油气资源丰富,是主要的油气出口国。与能源净进口国存在的油气供给不足、能源安全的重点是保障供给不同,加拿大的能源安全目标是提高产量,保障出口价格的平稳。随着国际社会对环境保护问题的强调,加拿大的能源安全还包括如何在低碳下开采和生产的问题。为此,20 世纪 80 年代以来,加拿大的能源生产日益与环境保护法规纠缠在一起,页岩气的发展战略也受到环保政策的牵制。

第一节　　加拿大页岩气资源状况及开发面临的问题

1989 年生效的《美加自由贸易协定》以及其后的《北美自由贸易协定》,保证了加拿大通过管道将天然气出口到美国。但随着美国境内开发页岩气的浪潮,北美地区的天然气价格下降,远低于国际市场。在这样的局势下,加拿大开发页岩气的主要动力不是来自满足国内能源需求,而是来自充分利用其国内丰富的页岩气资源,扩大天然气产量和增加当地就业。

一、　加拿大页岩气资源概况

加拿大境内很多盆地都拥有页岩气资源,最大的页岩区位在加拿大的西部盆地,包括不列颠哥伦比亚省东北部中泥盆地霍恩河(Horn River)盆地、科尔多瓦(Cordova)湾、莱尔德(Laird)盆地、深海(Deep)盆地及阿尔伯塔省和萨斯喀彻温省的白垩系科罗拉多(Colorado)群盆地。这五个盆地的原始天然气地质储量(GIP)预计达到 37.6×10^{12} m^3,其中技术可采储量约 10×10^{12} m^3。这些地区已经涌入多家公司开采,并已获得较好的结果。截至 2009 年 7 月,在三叠系蒙特尼(Montney)页岩区已经出现 234 口水平井,日产量达到 $1\,070 \times 10^4$ m^3。此外,加拿大的东部地区也拥有页岩区,其中位于阿巴拉契亚褶皱带的魁北克省的奥陶系 Utica 页岩横跨加拿大和美国边境,在加拿大部分的 GIP 预计达到 4.4×10^{12} m³,其中技术可储采量 $8\ 770 \times 10^8$ m³。位于温莎(Windsor)盆地的湖和霍顿·布鲁福(Horton Bluff)页岩气规模略小,GIP 为 $2\ 550 \times 10^8$ m³,预测技术可开采储量为 566×10^8 m³。再往西方向,位于新不伦瑞克省滨海(Maritimes)盆地的弗雷德里克·布鲁克(Frederick Brook)页岩气目前还处于勘探和评估初期阶段(Boyer C,Clark B,Jochen V,2011)。

美国对页岩气的成功开发,以及加拿大拥有丰富的页岩气资源的实际情况,使得加拿大一些省对页岩气的开发兴趣大增。对页岩气的勘探开发最初集中在不列颠哥伦比亚省的中泥盆地与三叠元的蒙特尼页岩,随着新技术的应用,勘探开发扩展到萨斯喀彻温省、安大略省、魁北克省、新不伦瑞克省和新斯科舍省等。

根据世界能源委员会估计,加拿大页岩气资源量 39.08×10^{12} m³。而根据加拿大非常规天然气协会(CSUG)估计,加拿大页岩气资源量超过 42.5×10^{12} m³,其中霍恩河盆地和蒙特尼的页岩气资源最为丰富(张凡,2013)。霍恩河盆地页岩气市场潜力估计达 2.198×10^{12} m³,蒙特尼页岩区达 12.719×10^{12} m³。

表4-1 显示的是利亚德盆地埃克肖方页岩区和霍恩河域页岩区非常规天然气的可销售潜力。从表中可见,埃克肖方页岩区可销售潜力达到 12.019×10^{12} m³,预期销售 6.196×10^4 m³。2014 年加拿大天然气需求为 894×10^8 m³,这意味着,仅利亚德盆地的预期天然气产出就可以满足加拿大 69 年的需求。

表4-1 利亚德盆地埃克肖方页岩和霍恩河页岩的非常规天然气的最终潜力

页 岩	开采区	单 位	干 气			可销售天然气		
			低	预期	高	低	预期	高
埃克肖方	不列颠哥伦比亚	10^9 m³	14 070	24 027	37 863	1 839	4 731	9 139
		10^{12} ft³	497	848	1 337	65	167	323
	西北地区	10^9 m³	5 206	9 017	14 541	497	1 250	2 481
		10^{12} ft³	184	318	514	18	44	88
	育 空	10^9 m³	765	1 321	2 071	83	215	399
		10^{12} ft³	27	47	73	3	8	14
	总 数	10^9 m³	20 041	34 365	54 475	2 419	6 196	12 019
		10^{12} ft³	708	1 213	1 924	86	219	425

(续表)

页 岩	开采区	单 位	干　气			可销售天然气		
			低	预期	高	低	预期	高
霍恩河	西北地区	$10^9\,m^3$	2 584	5 293	8 983	—	—	—
		$10^{12}\,ft^3$	91	187	317	—	—	—
	育　空	$10^9\,m^3$	318	593	1 024	—	—	—
		$10^{12}\,ft^3$	11	21	36	—	—	—

(Energy Briefing Note, 2016)

二、 加拿大页岩气开发遇到的问题

加拿大是世界第五大天然气生产国,其天然气产量占世界产量的5%。加拿大天然气产量主要来自加拿大西部沉积盆地,不列颠哥伦比亚省、阿尔伯塔省和萨斯喀彻温省,此外在安大略省、新布伦瑞克省、新斯科舍省、魁北克省、努勒维特地区也生成少量天然气。

21世纪初以来愈演愈烈的美国页岩气大开发热潮影响到这个邻国,加拿大工业界开始将勘探天然气的重点转向非常规天然气,包括页岩气和致密气。不过直到2009年加拿大大多数地区页岩气生产仍处于试验或早期开发阶段,经济危机期间,天然气价格的下降打击了开发者的热情。加拿大页岩气开发的规模不如美国,主要在于受到开发成本、开采技术、环境条件、废气废水处理等问题的困扰。

1. 成本高昂问题

北美各地页岩地质结构不同,开采难度不同,成本也就不同。在加拿大,越来越多的企业根据当地页岩地质结构使用水平钻井和水力压裂技术。根据加拿大国家能源局的数据,水平钻井成本包括水平钻矿技术和所需的额外时间,采用重型水力压裂技术打一口井需要几天时间,在加拿大蒙特尼页岩区(Montney Formation)通常每口井成本需要500万到800万美元。在尤蒂卡页岩区(Utica Shale)预计成本为500万到900万美元。在霍恩河流域(Horn River Basin)每口水平井的成本超过1 000万美元。而针对生物页岩气钻探的垂直井的成本远远低于水平井,比如美国科罗拉多页岩(Colorado Shale)成本低于 35 万美元(Energy Briefing Note,2009)[①]。

2. 现有开采技术带来的环境问题

一是压裂技术需要大量的淡水资源,这意味着缺乏水资源的地区不具备开采条件。二是水平钻井技术的进步允许同一井场多达十个或更多的钻井生产密度,这不仅需要长达几公里的钻机,还需要大量淡水供应。且不说技术和水资源供应问题,单单处理废水就是一个大问题,因为钻井压裂技术需注入高盐或化学药剂等,存在大量废水的处理问题。三是页岩气中天然杂质在开采中可能会排放出二氧化碳(CO_2),已经在一些页岩气地区测试出高碳痕迹。针对开采中的污染问题,加拿大政府已经提出了碳捕获和储存(Carbon Capture and Storage)或封存(Sequestration)的补救措施。

3. 低成本的油砂开采

页岩气的开发动力受到另一种非常规石油资源——油砂开采的影响。加拿大油砂资源主要分布在阿尔伯塔省的阿萨巴斯卡(Athabasca)、冷湖(Cold Lake)和匹斯河(Peace River)。加拿大油砂开采历史悠久,不过大规模开采是从 20 世纪 70 年代开始。阿尔伯塔省是页岩气资源丰富的省,同时更是油砂资源丰富的省,其油砂资源占到加拿大油砂总资源的 95% 以上。根据阿尔伯塔能源与公共设施委员会 2005 年的数据,该地油砂地质储量约 1.6×10^{12} 桶,已探明可采储量为 $1\,780 \times 10^{8}$ 桶,最终可采储量 $3\,145 \times 10^{8}$ 桶,可满足加拿大 250 年的消费需求(高杰,李文,2009)。

中东石油战争给发达国家造成的能源短缺刺激了加拿大对油砂的开采。1974 年,在阿尔伯塔省政府支持下成立的阿尔伯塔油砂技术研究机构推动油砂开发技术的发展和开采成本的不断降低。到 20 世纪 90 年代,油砂每桶价格已经从 70 年代的 35 美元下降到 13 美元。而政府对油砂提炼合成石油方面的支持又进一步促使开采成本进一步降低,产量不断提高。油砂的开采使得阿尔伯塔省页岩气的开发退居其次。

---

① National Energy Board, Canada, Energy Briefing Note. A Primer for Understanding Canada Shale Gas: 11, Nov, 2009.

图 4-1 显示的是 2000 年 1 月至 2016 年 12 月阿尔伯塔省天然气产量的情况,从图中可见,该省天然气产量总趋势在下降。2005 年中国三大石油公司开始投入巨资,与加拿大的石油公司合作开发油砂资源,增加了油砂开采力度。不过,2013 年,中石油旗下的凤凰天然气公司与加拿大能源公司(Encana)成立合资公司,开发该省中西部都沃内地区的页岩气资源,促进了阿尔伯塔省的页岩气开发。从图 4-1 可见,虽然 2013 年 9 月该省天然气产量掉入谷底,为 $266 \times 10^6 \ m^3/d$,这以后波动上升,到 2016 年 2 月一度达到最高点 $301 \times 10^6 \ m^3/d$,2016 年 12 月虽然下降到约 $281 \times 10^6 \ m^3/d$,但高于 2013 年 9 月。

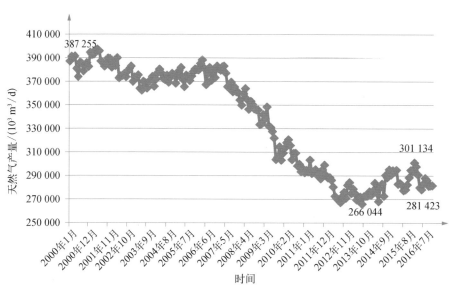

图 4-1 2000 年 1 月—2016 年 12 月阿尔伯塔省可销售天然气产量[1]

4. 国家应对气候变化计划的问题

1997 年 12 月,《联合国气候变化框架公约》缔约方在日本制定了《京都议定书》,根据该议定书,39 个工业化国家或地区(包括欧洲共同体)被要求在 2008—2012 年间

—————————

[1]　http://www.neb.gc.ca/nrg/sttstc/ntrlgs/stt/mrktblntrlgsprdctn-eng. html.

将温室气体排放量在 1990 年的基础上减少 5.2%,其中加拿大为 6%、美国为 7%。2001 年 3 月,美国声称该议定书不符合美国国家利益,宣布退出议定书。2005 年 2 月 16 日该条约强制生效,发达国家开始需要承担减少碳排放量义务,发展中国家则从 2012 年开始承担义务。2011 年 12 月,加拿大面对由于没有认真采取削减温室气体排放的行动,2012 年底将面临第一承诺期到期后约 140 亿加元(约合 136 亿美元)的罚款,加拿大宣布退出《京都议定书》,从而成为继美国之后又一个退出议定书的国家。这一退出行为使得加拿大的国际形象大受损害。

2015 年 12 月,《联合国气候变化框架公约》在巴黎召开气候变化大会,近 200 个缔约方一致同意通过《巴黎气候协定》。该协定包括目标、减缓、适应、损失损害、资金、技术、能力建设、透明度、全球盘点等内容,提出将全球平均气温升幅与工业化时期相比控制在 2℃ 以内,将温度升幅限定在 1.5℃ 之内;各国以"自主贡献"的方式参与全球应对气候变化行动;从 2023 年开始,每五年对全球行动总体进展进行一次盘点,以帮助各国提高力度,加强国际合作,实现全球应对气候变化长期目标(孟小珂,2015)。加拿大和美国都签署了《巴黎气候协议》。

根据《巴黎气候协议》,加拿大的减排目标是 2030 年碳排放量应比 2005 年减少 30%。为实现这一目标,加拿大联邦政府和各省采取了具体行动,包括对最终用户和排放量的大型工业企业征收碳税、加速煤炭淘汰、实施限额与贸易计划以及增加风能、太阳能、水能、天然气发电等措施。页岩气开采中的污染问题也被提到需要加以防范的措施中。

5. 其他非常规能源的发展

加拿大非常规天然气中致密气比页岩气更早开发,技术也较为完备,且产量也较大。根据国际能源署(IEA)数据,2008 年加拿大非常规天然气产量为 613.93 × 10^8 m^3,其中致密气 533.27 × 10^8 m^3,煤层气 80.67 × 10^8 m^3,而页岩气暂无统计数据。2009 年页岩气开始有统计数据了,为 8.03 × 10^8 m^3。虽然其后页岩气产量增长很快,但远不能与致密气相比。2014 年加拿大非常规天然气产量为 860.41 × 10^8 m^3,其中致密气产量为 658.64 × 10^8 m^3,占比 84.8%;煤层气 71.8 × 10^8 m^3,占比 8.3%;而页岩气只有 59.35 × 10^8 m^3,占比 6.9%(图 4 - 2)。

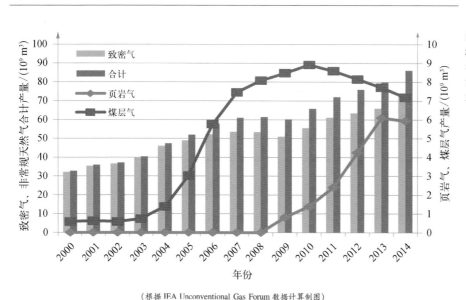

图 4 - 2
2000—2014
年加拿大非
常规天然气
发展状况

（根据 IEA Unconventional Gas Forum 数据计算制图）

第二节　　加拿大页岩气发展规划及实施措施

可见,加拿大页岩气开发战略受到资源禀赋、技术条件、开采中环境污染以及其他非常规天然气竞争等问题的局限。不过,这些问题随着技术进步和环境保护立法以及政府的政策支持就可以加以解决。通过考察加拿大页岩气发展战略,发现除了联邦政府鼓励外,更重要的是地方政府的政策支持,并且这些政策与各级政府的环保立法或环保政策捆绑在一起。具体来说,就是联邦政府通过立法,建立相关的管理机构,规范开采中的行为;各级政府出台规划,推动非常规能源的发展;并设定开发中的环境保护措施。

一、2015 年《巴黎气候协定》达成前

1985 年以来加拿大政府在能源和环境保护方面就出台了一系列法律。

1. 国家能源局的设立

加拿大能源管理机构是国家能源局(NEB),该局根据 1985 年的《国家能源局法》(National Energy Board Act)设立。根据该法第三节建立加拿大国家能源局(NEB)。该局董事会由长官任命的不超过 9 名成员组成。规定每一个成员应该担任过 7 年以上公职,并具有良好行为;必须是加拿大公民或永久居民。

国家能源局是一个独立的联邦机构,管理着加拿大能源产业。成立该机构的目的是,在国会规定的任务范围内维护加拿大的公共利益,促进能源的安全保障、环境保护和基础设施的有效性及交易的进行。

国家能源局的职能包括以下几点。(1)咨询功能。包括研究和审查,报告和建议部长。比如,对有关能源事宜、能源资源、管道的安全和国际电力线路等提出建议,包括有关石油和天然气的出口定价,与他国开展政府间合作等建议,以及准备部长可能要求的研究和报告等;出版研究和报告。(2)能源开发。对边境和沿海地区的石油和天然气资源的勘探、开发和生产。(3)管道与输电线路的建设与管理。包括管道的建设、运营和废弃,石油和天然气传输中的安全,输电线路的建设与运营,调节省际和国际油气管道以及国际指定的省际电力线路建设运营,规定其管辖范围管道的收费标准及收费。(4)出口与进口。管理天然气的出口与进口,石油、液化天然气和电的出口。

根据《国家能源局法》第 116 条规定,除非有本法规定的许可证,否则任何个人不得出口或进口任何石油或天然气。该法律第 48 条规定"污染者付费"原则("Polluter Pays" Principle),即强调责任、损失和损害的恢复、成本和费用的计算。

1985 年还出台了《能源管理法》(Energy Adiministration Act)。该法提供有关某些能源的收费、补偿和定价,以及管理和控制加拿大能源其他事项的法案。

2. 油气开采行为的规范

1985 年,加拿大颁布《加拿大石油和天然气操作法》(Canada Oil and Gas Operations Act)。在该法第 2 条第 1 款中指出,出台该法的目的旨在促进油气勘探开发:保证油

气开采中的安全,要求人们在勘探和开采油气中,审慎地遵守生产中的安全制度,确保开采安全;保护环境,实行问责制度和"污染者付费"原则,在通航水域航行注重安全,以防止因事故造成的油气污染水域问题;保护油气资源,杜绝乱开乱采;安排联合生产,加强各生产环节的协调;修建经济有效的基础设施①。该法适用于油砂、沥青、沥青砂、页岩油等各类矿藏的开采。

根据该法建立石油和天然气管理咨询委员会(Oil and Gas Administration Advisory Council),委员会由六名成员组成,即加拿大新斯科舍海洋石油局主席、加拿大纽芬兰岛-拉布拉多海上石油董事会主席、国家能源委员会主席三人,其他三人分别由加拿大政府部长、该省部长和其他省部长指定。委员会的职责是促进本法和协议第三部分的监管制度一致性和有效性,向联邦政府部长、省部长和董事会提供建议。该法也要求建立石油和天然气委员会(Oil and Gas Committee),该委员会由五人组成,联邦公共管理局雇员不超过三人。

3. 油气利益的调整

加拿大国家能源局(NEB)管理着原油和石油产品的管道的建设、维护和安全。这些运输管道中有四条将加拿大西部大部分原油送达东部市场和美国。其中,金德·摩根跨山管道(The Kinder Morgan Trans Mountain pipeline)和安桥公司主线(Enbridge Mainline)起源于阿尔伯塔省的埃德蒙顿(Edmonton,Alberta);光谱快车系统(the Spectra Express System)和横加公司梯形系统(TransCanada Keystone system)起源于阿尔伯塔省的哈迪斯蒂(Hardisty,Alberta)。1985 年加拿大颁布《北方管道法》(Northern Pipeline Act),设立北方管道局,规划与建设北方天然气管道。同年还颁布了《加拿大石油资源法》(Canada Petroleum Resources Act),调整与边境土地有关的石油利益,修改《石油和天然气生产保护法》(Oil and Gas Production and Conservation Act),并废除《加拿大石油和天然气法》(Canada Oil and Gas Act)。

1988 年,加拿大又颁布了《新斯科舍近海石油资源协定实施法》(Canada-Nova Scotia Offshore Petroleum Resources Accord Implementation Act),为履行加拿大政府和英国政府关于海上石油资源管理和收入共享的协议,该法律作出相关和相应的修订。

---

① National Energy Board. Canada Oil and Gas Operations Act. R. S. C. 1985. C. O - 7.

1998 年颁布《麦肯齐流域资源管理法》(Mackenzie Valley Resource Management Act)，对麦肯齐流域的水和土地资源进行一体化管理。

4. 环保体系的建立

1999 年出台《加拿大环境保护法》(Canadian Environmental Protection Act, 1999)，在该法中提出政府在环境保护方面的职责。(1) 行使保护环境和人类健康的职权，运用预防原则，当遇有严重或不可逆转的损害威胁时，不能以科学的不确定性作为推迟采取防止环境退化有效措施的理由，应促进和加强执行污染防治方法。(2) 采取预防和补救措施来保护和恢复环境。(3) 在制订社会及经济决策时，须顾及保护环境的必要性。(4) 推行生态系统方法，考虑生态系统的独特及基本特性。(5) 努力与各国政府合作，以保护环境。(6) 鼓励加拿大市民参与作出影响环境的决定，促进加拿大市民对环境的保护。(7) 建立符合国家环境质量标准。(8) 就加拿大环境状况向加拿大人民提供资料。(9) 运用知识，包括传统的原住民知识、科学和技术，识别和解决环境问题。(10) 保护环境，包括其生物多样性和人类健康，免受有毒物质、污染物和废物的使用和释放的任何不利影响的风险。(11) 采取行动，评估开采中是否存在某些物质或新的有毒性物质，或可能成为有毒性的物质，即对环境和人类的生命和健康造成风险的物质。(12) 努力就加拿大达成最高环境质量的政府间协定及安排的意图采取行动。(13) 确保在合理的范围内，按照保护环境和人类健康的联邦条例的所有方面以互补的方式处理，以避免重复，并提供有效和全面的保护。(14) 努力行使其权力，要求以协调的方式提供资料。(15) 以公平、可预测和一致的方式申请和执行此行为[①]。

2012 年又出台《加拿大环境评估法》(Canadian Environmental Assessment Act, 2012)。出台该法律的目的是：(1) 要求议会立法机关在讨论项目时应考虑该项目对环境的影响，仔细审核那些项目，预防可能对环境带来的重大的不良影响；(2) 促进联邦和省政府在环境评估方面的合作和协调行动；(3) 促进原住民与环境评估方面的沟通与合作；(4) 确保在环境评估中公众有机会参与讨论；(5) 确保环境评估的及时完成；(6) 鼓励联邦当局采取行动，促进可持续发展，以实现或维持一个健康

---

① Canadian Environment Assessment Act, 2012. Purposes 4(1).

的环境和健康的经济;(7)鼓励研究一个地区体育活动的累积影响,以及研究环境评估的结果①。

各天然气生产省在出台发展战略的同时,也出台了相关环境保护的法律。比如,不列颠哥伦比亚(BC)是页岩资源较丰富的一个省,毗邻太平洋,近年来该省不仅推动页岩气开发,还确定了液化天然气(LNG)发展战略,计划将 LNG 出口到日本、韩国、印度、中国等亚洲国家。2012 年,该省确定了 2020 年 LNG 发展战略目标:第一,保持BC 省在全球 LNG 市场的竞争力;第二,维持 BC 省在有关气候变化和清洁能源的领导地位;第三,将能源价格保持在大众、社区和企业能够负担的价位上。2013 年,BC 省政府成立了天然气开发部,专门负责实施 LNG 战略。一方面,为了支持 LNG 战略,从联邦政府到 BC 省政府将 LNG 的固定资产的资本成本补贴率从 8%提高到 30%;LNG项目的参与者可享受与天然气液化相关的很多设备的扣减;政府允许投资新 LNG 的企业更快地回收其投资等。另一方面,为了防止油气开采中可能带来的污染问题,2014 年 BC 省出台了《可持续水源法》(WSA),提出保护河流健康和水生环境;规制和保护地下水;增加水安全性、利用效率和保护等措施。此外,该省采用"单窗口"方式对油气经营活动进行统一监管,即授权该省石油和天然气委员会(OGC)负责监管省境内油气经营活动,该机构可依据各种法令和法规对石油和天然气活动进行有效而广泛的管理。比如,OGC 要求从 2012 年 1 月 1 日起,页岩气开采企业必须对水力压裂液体的信息进行披露,公开水力压裂操作中使用的添加剂成分,并且将该信息(包括压裂日期、井位、操作人员姓名和化学成分)披露在 OGC 的"FracFocus 化工披露登记处"的公共网站上。由此通过社会监督,来督促企业在增加生产的同时要注重环境保护问题。又如,OGC 负责污染场地的管理。根据 BC 省的《石油和天然气活动法》(OGAA)规定,当一个石油和天然气场地不再是生产性的场地时,运营方必须按照规定,移除所有危害物并回收场地;要求所有井口必须达到规定的恢复要求;运营方应该按照维持场地表面租赁或表面的土地使用权,直到从 OGC 获取恢复证书为止;进行环境现场调查,找出任何污染的存在状况并提交一份报告,详细说明污染场地已经得到了管理,并对现场进行修复;聘请有资质的回收专家来验收地表回收状况,达到能够满足省政府

---

① http://laws-lois.justice.gc.ca/eng/acts/C-15.21/page-2.html#h-4.

提出的所有要求①。

此外,行业组织规定标准,实行自律。比如,加拿大石油生产商协会发布《水力压裂的指导原则和作业手册》,要求运营商自觉遵守规则,承诺以下事项:保障区域内地表和地下水资源的质量和数量,通过健全的井筒施工做法,确定新鲜水的替代方式,在适当情况下尽可能地采用回收水再利用;测量和披露对水的使用情况,以便继续减少对环境的影响;支持对低风险压裂液添加剂的开发;支持对压裂液添加剂的披露;不断促进、协作和沟通最佳的实践方式,以减少水力压裂所存在的潜在环境风险。虽然上述原则不具有法律约束力,但已成为行业标准,被绝大多数的企业自觉遵守②。

二、 2015 年《巴黎气候协定》达成后

2016 年加拿大签订《巴黎气候协定》,表示要进一步注重低碳能源的发展和环境保护。为实现《巴黎气候协定》加拿大政府承诺的“2030 年碳排放量比 2005 年减少30％”目标,从联邦政府到主要的能源资源省相继出台了一系列计划和措施。

1. 联邦政府制定框架和碳定价

2016 年加拿大联邦政府与各省、地区进行合作,制定了《泛加拿大清洁增长与气候变化框架》(Pan-Canadian framework for clean growth and climate change),以期达到或超额完成加拿大在国际上承诺的排放目标。同年 3 月,部长们讨论形成《温哥华宣言》,达成多项承诺,包括提高应对气候变化的雄心,加强各省和地区之间的合作。

作为泛加拿大框架的一部分,联邦政府在 2016 年 10 月又提出《泛加拿大二氧化碳污染定价方法》(Pan-Canadian Approach to Pricing Carbon Pollution)。该方法是设定 2018 年每吨碳 10 美元的最低价格,每年增加 10 美元,到 2022 年达到每吨 50 美元。允许各省和地区在实施碳污染直接价格上或采用限额交易制度上拥有灵活性。要求各省和地区控制碳定价收入,将收入使用到合理用途上。

---

① P. R. Cassidy i. e, 2016.
② 加拿大不列颠哥伦比亚省液化天然气法规,2016(1).

2. 北美自贸区成员间加强联合行动

2016 年 3 月,加拿大和美国宣布采取联合行动,减少油气行业的甲烷排放量,将 2025 年石油和天然气领域的甲烷排放量在 2012 年的水平上降低 40%~45%。美国和加拿大也对甲烷方面的法规进行修订。

2016 年 6 月,加拿大、美国和墨西哥宣布《北美气候、清洁能源与环境合作行动计划》(North American Climate, Clean Energy, and Environment Partnership Action Plan),确定在关键领域的举措和目标。比如,推进清洁安全能源,减少短暂的气候污染。一个关键的声明是北美成员国确定 2025 年实现 50% 清洁能源发电的目标。

3. 各能源资源省出台计划

2016 年 8 月,不列颠哥伦比亚省政府发布《不列颠哥伦比亚气候领导计划》(B. C. Climate Leadership Plan)。该计划为减少关键领域的温室气体排放,提出了 21 项行动项目,这些领域涉及交通运输、工业、公用事业和天然气业等。

2016 年春季,阿尔伯塔省政府公布《阿尔伯塔气候领导计划》(Alberta Climate Leadership Plan),声称该气候变化及排放战略计划是在 2015 年秋季气候领导小组提出建议的基础上制定的,其主要内容如下。

(1) 碳定价:最终用途的排放。2016 年 6 月,阿尔伯塔省政府通过立法对产生温室气体的燃料实施碳征收。从 2017 年开始,碳税将按 20 美元/吨征收,到 2018 年将增加到 30 美元/吨。征款所得资金将返回到阿尔伯塔省的经济中,即直接补贴到中低收入家庭,对小企业减税,以及将资金投入到可提高能源效率的技术进步和基础设施建设上。

(2) 碳定价:大型工业排放企业。阿尔伯塔省宣布《碳竞争力调节》(Carbon Competitiveness Regulation)取代现有的《气体排放调节》(Specified Gas Emitters Regulation),这是为大型工业排放企业指定的碳定价方案,由气候变化领导小组监管该项新计划的实施。二氧化碳排放大户从 2018 年开始将支付 30 美元/吨的碳税。为了减轻竞争力碳定价方法对贸易出口工业部门的影响,气候领导小组提出一个基于特定部门产出的绩效标准。根据该性能标准,阿尔伯塔公司将收到一个允许定量自由排放的许可证,以每单位输出为基础的配额。这一配额将等于在一个特定的碳排放强度行业中每单位产出的最高碳排放量。阿尔伯特省政府认为采用这种方法可以为企业提供激励,减少他们的排放强度,并对排放密集型贸易出口行业采取保护措施。

(3)加速煤淘汰。根据现有的联邦法规,燃煤电厂必须达到严格的性能标准,否则它们的使用寿命就结束,被淘汰。阿尔伯塔省政府已经宣布加快这一转变的计划,要求到2030年实现燃煤发电不污染。在现有的联邦条例下,阿尔伯塔省内18家燃煤电厂到2030年将关闭12家;其余6家根据阿尔伯塔的计划也将被淘汰。该计划要求用2/3的可再生能源和1/3的天然气来取代煤炭发电。阿尔伯塔省政府负责向电力系统运营商实施一项通过竞争过程将新的可再生发电能力推向市场的计划。阿尔伯塔政府还表示,到2030年可再生能源将在发电量中占比超过30%。

阿尔伯塔省政府还建议立法以热电联产和新升级能力的规定来限制百吨油砂的碳排放。成立油砂顾问小组(Oil Sands Advisory Group),除其他事项外,还需考虑如何执行排放限值。阿尔伯塔省政府计划将石油和天然气的甲烷排放量减少45%,为达到这一目标正在拟定法规。

萨斯喀彻温省公用事业萨斯喀电力公司设置的2030年的目标是,在总发电容量中可再生能源发电容量达到50%。目前可再生能源的发电能力为25%左右。

马尼托巴省政府2015年12月发布《气候变化与绿色经济行动计划》(Climate Change and Green Economy Action Plan)。该计划包括提高效率举措和投资减排项目,以及实施限额交易计划。该计划与魁北克、安大略和加利福尼亚系统联系在一起,拟议的限额交易计划将运用于碳排放大户。

安大略省2016年春季确定从2017年开始实施"限额与贸易计划",拟将该计划与魁北克-加利福尼亚碳市场挂钩。该计划第一年的上限将设置在142吨,到2020年下降到125吨。该计划将分阶段实施,对贸易出口行业提供临时津贴。从该计划获得的收入将投资于家庭和企业减少温室气体的举措上,比如电动汽车购买补贴政策和节能改造。2016年6月安大略省政府又发布了《气候行动计划》(Climate Action Plan),该五年计划介绍了安大略省减排目标以及将采取的主要措施,还确定该省限额交易计划的收入如何使用,列出在交通运输、土地利用规划和研究开发等九个领域采取关键行动。安大略省政府将与利益相关者就这些行动的设计和实施进行协商。

魁北克2016年春季发布《2030能源政策》(The 2030 Energy Policy),并提出政府计划:建立有凝聚力的治理结构以管理过渡时期促进低碳经济,实现多元化魁北克能源供应,以及对化石燃料能源采取新的生产方法。该文件也提出,提高能源效率,减少石油消费,增加可再生能源生产,以达到2030年的目标。《2030能源政策》描述将实施计划的措施,首先修改现有的法定架构,随后是一系列行动计划。

纽芬兰岛-拉布拉多省2016年6月通过《温室气体管理法》(Management of Greenhouse Gas Act),该法对来自工业设施的温室气体排放量进行规定,包括为工业排放的碳定价形式以及收入的用途(作为减排技术支持资金)(National Energy Board,2006)。

由此可见,为实现《巴黎气候协议》的承诺,加拿大采取了多项措施:第一,加拿大各级政府在能源结构上将降低煤炭比重,增加天然气和可再生能源比重;第二,通过制定严格的技术标准推动企业降耗节能,减少生产中的碳排放;第三,通过技术进步来降低包括页岩气在内的非常规天然气开采中二氧化碳排放量,使其真正成为清洁能源。

数年前,加拿大天然气行业已经将非常规天然气作为主要的开发对象。2012年加拿大天然气产量中页岩气产量占比15%,对比美国(39%)[1],加拿大页岩气的生产处于起步阶段,但是这一占比仍在逐步增大。图4-3显示的是国际能源署根据信息估计

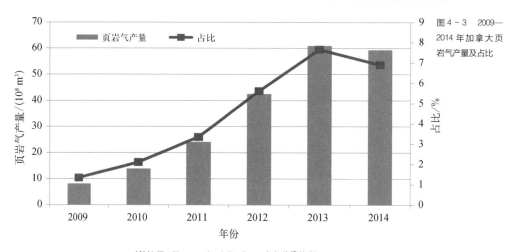

图4-3 2009—2014年加拿大页岩气产量及占比

(根据 IEA Unconventional Gas Forum 数据计算制图)

① Today in Energy,2013-12-23.

的 2009—2014 年加拿大页岩气产量变化以及在非常规天然气产量中占比状况,从图中可见,页岩气产量从 2009 年的 8.03×10^8 m^3 增加到 2014 年的 59.35×10^8 m^3,从而在非常规天然气中的占比从 1.3% 增加到 6.9%。显然,上述的一些计划、政策、措施对加拿大页岩气开发和生产应该产生一定的影响。

第三节 加拿大页岩气发展现状与存在的问题

加拿大是天然气净出口国,开采的天然气除满足国内需求外,还通过管道等方式出口到美国,同时也从美国进口少量液化天然气输到加拿大中部。虽然面对美国自身天然气自给能力的提高,有公司提出应该向海外市场出口液化天然气,但直到 2016 年年底仍没有任何运营。近些年美国页岩气的大规模开发以及美国政府对能源出口的管制,使得北美地区天然气价格远低于国际市场,而加拿大天然气生产缺乏足够的动力,产量不断下降。

一、21 世纪初以来加拿大天然气产量不断下降

图 4-4 显示的是自 2000 年 1 月以来加拿大天然气的生产情况,从图中可见,天然气每天的产量从 463×10^6 m^3 已经下降到 2016 年的 417×10^6 m^3。这一时期油砂的开发,以及包括风能、核能、太阳能等新能源的开发,也使天然气的生产受到一定影响。

不过,从加拿大天然气主要产区情况看,除了前面介绍过的主要产区阿尔伯塔天然气产量下降外,还有新斯克舍、新布伦瑞克、安大略、萨斯喀彻温、西北地区和育空,17 年来这些省天然气产量虽有上下起伏,但总趋势还是下降的。只有不列颠哥伦比亚省自 21 世纪初以来天然气产量呈上升趋势,现已从 2000 年 1 月的 $5\,439.1 \times 10^4$ m^3/d 增加到 2016 年 12 月的约 117×10^4 m^3/d,2016 年 2 月曾一度达到近 134×10^6 m^3/d

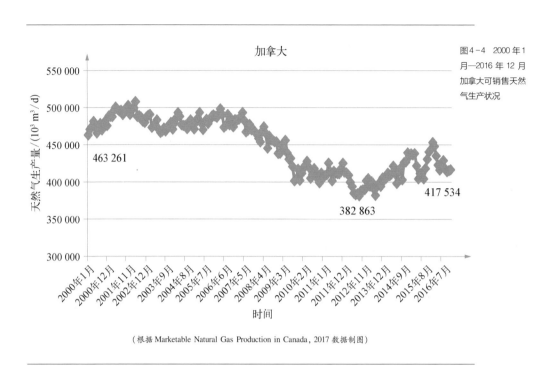

图4-4 2000年1月—2016年12月加拿大可销售天然气生产状况

（根据 Marketable Natural Gas Production in Canada, 2017 数据制图）

（图4-5）。

表4-2是2016年加拿大各地天然气产量变化情况,该年主要的产气省年末与年初相比产量都有下降,全国总产量12个月波浪下行,第四季度同比有所下降(图4-6)。

二、 西部气井数量下降

2009年金融危机后,加拿大西部钻井数量有所下降。不过,2013年天然气钻井数量有所增加,这是因为液化天然气价格提高了,提升了企业对未来收入增加的预期。但是2014年后半年石油价格的下降使得该年石油钻井数量比之前一年减少了。

观察21世纪初以来加拿大西部的钻井数量,可以发现,自2006年开始不断下降,到2009年跌入谷地,2010年有所增加,但2011年和2012年又下降,2013年保持不变,

图 4-5 2000 年 1 月—2016 年 12 月加拿大一些省可销售天然气生产量①

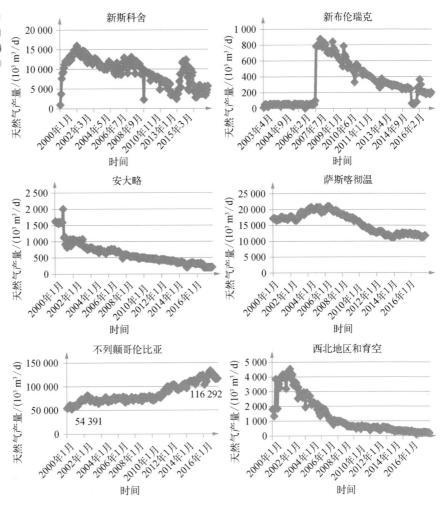

表 4-2 2016 年加拿大各地可销售天然气产量② 单位：10^3 m³/d

月份	新斯科舍	新布伦瑞克	安大略	萨斯喀彻温	阿尔伯特	不列颠哥伦比亚	西北地区和育空	加拿大总计
1	5 803	362	200	11 847	293 833	131 501	229	443 776
2	5 763	302	200	12 129	301 134	133 517	203	453 249
3	5 294	211	200	12 056	297 773	132 430	201	448 165

①② 数据来源同图 4-4。

（续表）

月份	新斯科舍	新布伦瑞克	安大略	萨斯喀彻温	阿尔伯特	不列颠哥伦比亚	西北地区和育空	加拿大总计
4	3 722	208	198	11 924	290 914	127 873	251	435 091
5	3 708	200	200	11 754	279 976	126 839	238	422 914
6	4 197	203	200	11 467	278 443	121 555	250	416 315
7	5 328	180	200	11 220	283 146	120 386	235	420 694
8	5 590	190	200	11 399	287 962	123 514	235	429 090
9	3 332	192	200	11 308	286 175	116 292	227	417 726
10	3 996	191	200	11 521	281 423	116 493	210	414 034
11	4 714	181	203	11 644	281 587	116 713	205	415 246
12	5 713	201	205	11 796	281 796	116 768	201	416 681

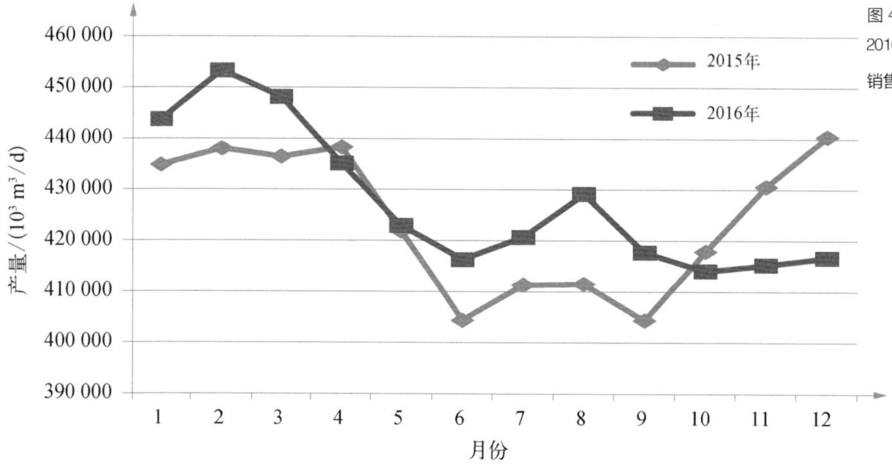

图 4－6　2015—2016 年加拿大可销售天然气产量①

2014 年微有提高。值得注意的是，除 2009 年外，后五年（2010—2014 年）的油井数量大大高于前五年（2004—2008 年），而气井数量则相反，已经从 2005 年在所有钻井中占据 3/4 的比重下降到 2014 年的 1/4。

　　分析气井下降的原因，可能来自美国页岩气大开发的影响。美国页岩气的开发使得美国国内天然气产量提高，对加拿大天然气需求减少。从 2011 年到 2015 年，加拿大

①　数据来源同图 4－4。

净出口到美国的天然气下降了24%。

三、 对美国东北和中部大陆地区输出天然气数量下降

从图4-7可见,在2010—2015年这五年中,加拿大对美国东北部的天然气出口下降了44%;对美国中部大陆出口的天然气下降了24%。在此期间,对美国阿巴拉契亚盆地的天然气供应有所增长,那里的天然气传统上来自加拿大西部沉积盆地(WCSB)。

图4-7 2010—2015 年加拿大天然气出口到美国各地区①(单位: 百万立方英尺/天)

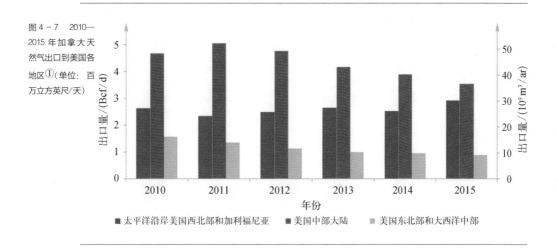

加拿大油气运输管道中有四条是将西部大部分原油送达东部市场和美国。每天阿尔伯塔省与周边380多万桶的原油,直接输送到美国或输送至西海岸再运往美国。2016 年麦克默里堡山火使得部分油井被迫停产,加拿大石油产量略有下滑。当然,天然气出口不只有管道运输一个渠道,还通过火车和卡车运输。从图4-8可见,2011—2014 年天然气丙烷通过管道和卡车运输比丁烷要多些,而丁烷主要通过铁路运输。不过 2015 年丙烷铁路运输超过丁烷,而丁烷管道运输超过了丙烷。运输方式的选择和

---

① Canada's Pipeline Transportation System 2016, Figure 15.

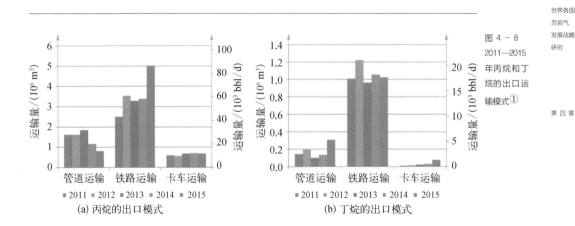

图 4 - 8
2011—2015
年丙烷和丁
烷的出口运
输模式①

变化反映了当地交通运输设施和变化状况。

图 4 - 9 显示的是 2011—2015 年加拿大天然气(丁烷和丙烷)出口及两种商品价格变动状况。从图中可见,五年中两种产品的价格已经从每升 51.38 加分(丁烷)和

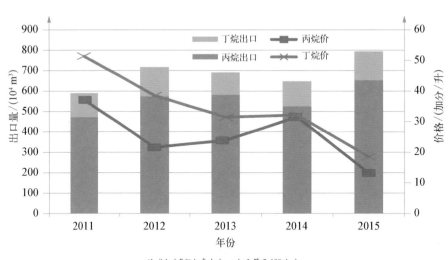

图 4 - 9
2011—2015
年加拿大天
然气出口和
价格变化
状况

注:"加分"指加拿大分,一加元等于 100 加分。
(根据 National Energy Board, Canada, 2016 - 12 - 01 数据制图)

① National Energy Board, Canada. 2015 Propane and Butanes Export, 2016 - 12 - 01.

37.16 加分(丙烷)下降到 18.52 加分和 13.18 加分,下跌幅度达到 64% 左右。2015 年价格下跌的尤其显著,加拿大似乎只能靠增加出口来弥补收入的下降。

第四节　　加拿大页岩气未来发展前景

2016 年 10 月,加拿大国家能源局发布《加拿大能源未来 2016:更新——2040 能源供需预测》(Canada's Energy Future 2016: Update——Energy Supply and Demand Projections to 2040)。该报告声称,能源未来的发展受到地缘政治事件、技术突破、能源与气候政策、人类行为、经济结构等因素的影响,因此在估计加拿大未来能源发展情况时,模型中需要加入这些影响因素。

一、 加拿大政府估计未来能源结构变化

更新版的 2040 年预测未来能源结构变化主要考虑到以下几个因素。

(1) 气候政策。加拿大在《巴黎气候协定》中的减排目标是 2030 年比 2005 年碳排放减少 30%。2016 年是加拿大气候政策重大转变期,加拿大各级政府为此目标出台了具体行动,制作报告的研究人员在更新版的建模中加入以下因素:阿尔伯塔对最终用户和大型工业排放者征收碳税;阿尔伯塔煤炭加速淘汰阶段;安大略经济范围限额与贸易计划。

(2) 能源使用增加。包括化石燃料使用的增加,但以较慢的速度增加。

(3) 原油价格。假设在更新版中是较低的,反映最近市场发展,导致原油产量预测较低。

(4) 电力部门增加新能源。以风能、太阳能、水能、天然气发电来满足需求增长和替代燃煤发电。

由此,更新版预测的 2005—2040 年加拿大化石燃料总需求如下(图 4 - 10)。

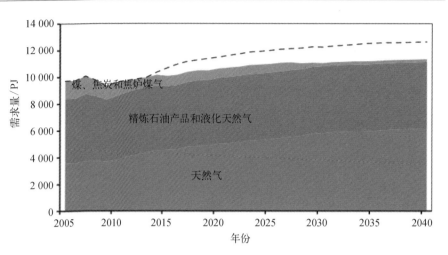

图 4 - 10
2005—2040
年加拿大化
石燃料总
需求

注: 1. PJ (peta joule) 为拍焦耳,1 PJ = 10^{15} J;

    2. 精炼石油产品不是一次能源,属二次能源,这里考察的是化石燃料需求状况。

从图 4 - 10 可见,天然气预测需求在上升,在化石燃料中依然占据很大比重;化石燃料增长速度放慢。到 2040 年加拿大化石燃料总需求将达到 1.3×10^4 PJ,比 2015 年增加了 13% ,25 年间需求年均增长率为 0.5% 。对比前 25 年(1990—2015 年),年均增长率为 1.3% 。

根据加拿大国家能源局的统计数据,2015 年加拿大一次能源结构中水能占比 55% 、天然气 15% 、核能 10% 、风能 8% 、煤炭 7% 、石油 2% 、生物质能 2% 、太阳能 1% 。根据加拿大国家能源局分析估计,考虑到各级政府的行动计划和措施,以及页岩气等非常规天然气的开发,到 2040 年,加拿大一次能源中水能、核能、煤炭占比将分别下降到 51% 、6% 、1% ;而天然气、风能、太阳能占比将分别上升到 22% 、13% 、3% ;石油和生物质能则保持 2% 的份额不变(图 4 - 11)。可见,包括页岩气等非常规天然气在内的天然气在一次能源中的比重上升的最快,25 年内将提高 7 个百分点。

当然,页岩气毕竟是化石能源、非可再生能源,并且在开采中还存在一定的环境问题,如果不采取有效措施,则可能破坏加拿大降低二氧化碳排放量的目标即国际承诺。另一方面,25 年里页岩气开采中的技术进步、市场需求、油气价格、经济周期、能源密集型产业发展状况等,也会影响到页岩气开采量的增多或减少、新的输送管道

图 4 - 11　2040 年加拿大一次能源结构变化预测①

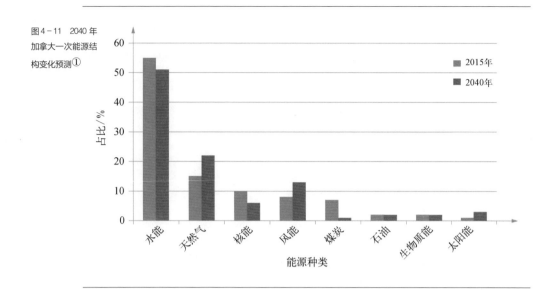

基础设施的铺设与否、液化天然气的出口规模等。因此,页岩气开采工作存在一定的不确定性。

二、 加拿大未来页岩气发展潜力

应该看到,近些年为降低开采成本,加拿大企业不断革新技术和工艺流程,提高页岩气气体回收率,使一些页岩区经济性的开采成为可能。开采技术的进步也让页岩和其他开采难度很大的类似岩石生产油气成为可能。由此,在天然气生产中非常规天然气生产量上升,常规天然气产量趋于下降。加拿大政府预测包括页岩气、煤层气、致密气在内的非常规天然气的开发将使天然气成为加拿大能源需求的主要供给部分。

表 4 - 3 显示的是西加拿大沉积盆地根据 2014 年底可销售天然气产量和资源情

① 根据 National Energy Board, Canada's Energy Future 2016: Update-Energy Supply and Demand Projections to 2040: 30 数据制图。

况估计的产量潜力。从表中可见,天然气剩余量很多,达81%。尤其是大不列颠哥伦比亚省剩余很大,到到 15.5×10^{12} m³。因此发展天然气潜力很大。其次,包括页岩气、煤层气在内的非常规天然气产量潜力大于常规天然气。比如,不列颠哥伦比亚省非常规天然气产量潜力占全部产量潜力的91%、西南地区南部90%、育空南部77.9%、阿尔伯塔45%、萨斯喀彻温21.6%。这也表明一些省的气田开采主要转向页岩气等非常规天然气开采(表4-3)。

表4-3 西加拿大沉积盆地天然气产量潜力估计

地区	天然气类型	10^9 m³			10^{12} m³		
		产量潜力	累计产量	剩余	产量潜力	累计产量	剩余
阿尔伯塔	常规天然气	6 276			221.5		
	非常规天然气	5 143	4 622	6 798	181.6	163.2	240.1
	合 计	11 419			403.1		
大不列颠哥伦比亚	常规天然气	1 462			51.6		
	非常规天然气	14 854	769	15 547	524.6	27.2	549.0
	合 计	16 316			576.2		
萨斯喀彻温	常规天然气	297			10.5		
	非常规天然气	82	223	156	2.9	7.9	5.5
	合 计	379			13.4		
西南地区南部	常规天然气	132			4.7		
	非常规天然气	1 250	14	1 368	44.1	0.5	48.3
	合 计	1 382			48.4		
育空南部	常规天然气	61			2.2		
	非常规天然气	215	6	271	7.6	0.2	9.6
	合 计	276			9.8		
西加拿大沉积盆地	总 计	29 773	5 633	24 140	1 051	199	853

(Energy Briefing Note, 2016)

加拿大目前天然气生产主要在陆地,但未来计划将天然气的生产转移到海上和北部的边境地区进行。目前,钻探陆地一口页岩井需要投入400万到1 000万美元,虽然初始投入很大,但几周内就可投产。而深海勘探需要投入更多的钱,并且需要5年或更长的时间才能投产。由于海上勘探成本大,在油气价格下降的情况下,不少跨国石油公司减少投资,甚至退出。

美国康菲石油公司已经彻底退出深海油气勘探。而美国雪佛龙石油公司2016—2017年的勘探预算,已经从2015年的30亿美元下降到10亿美元①。加拿大政府提出未来向海上拓展,主要是希望本国不仅成为管道天然气净出口国,还能成为液化天然气净出口国。阿帕奇公司(Apache Corporation)和依欧格资源公司(EOG Resources)几年前已经在霍恩河流域活动,在不列颠哥伦比亚省签署了谅解备忘录,提出液化天然气终端供应。但是,除非国际油气价格再次飙升,或者与外国公司(比如与中国)合作,否则在不高的价格水平上开采海上油气是不经济的。加拿大丰富的页岩气资源使其在页岩气开发上具有很大潜力,中国应该积极地扩大与加拿大的能源合作的范围,包括从资金、技术、生产到人员培训等方面。

就页岩气开采而言仍面临一些问题。加拿大国家能源局认为,加拿大的页岩气开发速度最终可能受到开发中所需要的资源可用性的限制,比如新鲜水、压裂支撑剂、能钻几公里长页岩气井的钻机,以及页岩气二氧化碳排放问题(Energy Briefing Note,2009)。

本章小结

本章对加拿大的页岩气发展战略进行了研究,总结认为,作为一个能源净出口国,加拿大对页岩气开发的动力主要来自:(1)充分利用本国能源资源,增加出口;(2)提高天然气产量,保障出口收入;(3)促进地方经济,增加就业。

加拿大页岩气开发很早就开始,但作为替代能源进行生产则是从21世纪初后开始的。由于存在开发成本、开采技术、环境条件、废气废水处理等问题的困扰,加拿大的页岩气开发速度落后于美国。自《巴黎气候协定》签署后,加拿大政府为实现低碳目

---

① 新发展油气田数量创60年来新低. 英国《金融时报》网站,2017 – 02 – 12.

标,从联邦到地方各级政府出台了一系列计划和政策,并采取了各类环保措施。比如,碳定价、加速煤淘汰、严格技术标准等,迫使加拿大页岩气企业在开采或生产中规范操作,技术上有所创新、有所突破。国际社会对环境保护的强调,促使加拿大政府不仅仅推动页岩气的开发,也注重可再生能源的发展,并制订计划增加风能、太阳能、水能、天然气发电来替代燃煤发电。

　　加拿大页岩气未来的发展依然受到地缘政治、技术突破、能源与气候政策、人类行为、经济结构等因素的影响。但不管怎么说,包括页岩气、煤层气、致密气在内的非常规天然气的开发将进一步巩固天然气在加拿大一次能源结构中作为最主要组成部分的地位。

第五章

**墨西哥页岩气
发展战略研究**

北美自由贸易区的页岩气开发之风也刮到了墨西哥。根据美国能源信息署估计,墨西哥拥有世界第四大页岩气储量。为了打破本国天然气净进口局面,墨西哥政府希望充分利用这一优势资源进行开发。不过,与美国和加拿大相比,墨西哥无论在开发资金、技术和人才方面,还是在页岩气地质结构、基础设施建设、政策措施等方面都有一定欠缺。该国政府设法通过引进外资、合作开发等措施加以弥补。

第一节　墨西哥能源结构与页岩气开发状况

在研究墨西哥页岩气发展战略之前,我们首先对该国的能源结构与页岩气开发情况作一概述。

一、墨西哥能源概况

墨西哥湾是世界上最著名的海洋油区之一,因濒临墨西哥而得名。墨西哥海湾东部和北部海岸是美国,西部和南部海岸是墨西哥。海湾海底油气田主要分布在西南部的坎佩切湾和美国得克萨斯和路易斯安那州沿海。墨西哥的油气资源主要在墨西哥湾沿海和近海地带。墨西哥东部油气产区分北带、中带和南带。北带四个油气区已探明储量达 28×10^8 t,其中以奇孔特佩克油气区储量最大;中带两个油气区,已探明储量为 3.2×10^8 t;南带三个油气区,已探明储量达 66.8×10^8 t,其中坎塔雷尔油田是 20 世纪 70 年代以来世界上发现的最大油区,储量大约在(150 ~ 200)亿桶[相当于(20.5 ~ 27.4)亿吨](表 5 - 1)。

根据英国石油公司统计数据(BP Statistical Review of World Energy, 2016),2015年墨西哥石油探明储量为 108 亿桶,储采比 11.5,石油探明储量在世界排名第十八位;天然气探明储量为 $3\,000 \times 10^8$ m^3,储采比 6.1,世界排名第三十多位;煤炭探明储量为 12.11×10^8 t,世界排名第 25 位。

表5-1 墨西哥东部油气区情况①

东部油气区	油气田名称	中文名	探明储量(10^8 t)	东部油气区	油气田名称	中文名	探明储量(10^8 t)
北带	Sabinas	萨比纳斯	28	中带	Poza Rica	波萨里卡	3.2
	Burgos	布尔戈斯			Veracruz	韦拉克鲁斯	
	Tampico	坦皮科		南带	East Mexico	伊斯特莫	66.8
	Chicontepec	奇孔特佩克			Leifoma	雷佛马	
					Complejo Cantarell	坎塔雷尔	

图5-1 墨西哥油田分布

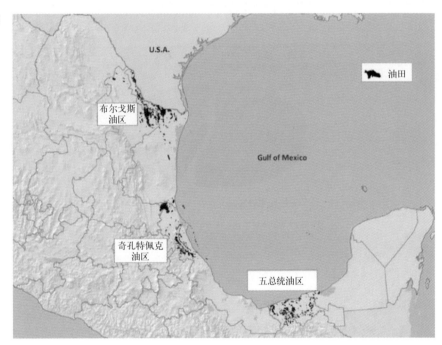

(United Mexican States, Report No: AUS8579-3, 2016)

墨西哥是油气净出口国。2015年墨西哥向美国、欧洲、印度、日本、中国以及其他亚太国家或地区的原油出口 $5\,980 \times 10^4$ t,进口量(来自加拿大)不足 5×10^4 t。石油产品出口 820×10^4 t,进口 $3\,700 \times 10^4$ t。该年墨西哥通过管道输往美国的天然气是

① 根据中华人民共和国商务部"墨西哥主要产业",2014-07-20信息等制表。

299×10^8 m^3，从美国输入的天然气不足 $5\,000 \times 10^4$ m^3；液化天然气出口到世界各地 71×10^8 m^3。

从非化石能源发展看，水电消费 2015 年为 680×10^4 t 油当量，比前一年下降 21.2%；核能消费 260×10^4 t 油当量，比上年增长 19.6%；风电、太阳能、生物质等可再生能源消费 350×10^4 t 油当量，比上年增加 15.7%。

图 5 - 2 显示的是 2015 年墨西哥一次能源结构。从图中可见，虽然该年墨西哥化石能源（石油、天然气、煤炭）消费比重在一次能源消费中占比高达 93%，但是清洁能源（包括天然气、核能、水电、可再生能源）消费占比达到 47.5%。

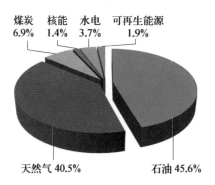

图5-2 2015 年墨西哥一次能源消费结构状况

（根据 BP Statistical Review of World Energy, 2016 数据制图）

二、《北美自由贸易协定》中墨西哥的能源保护

长期以来，墨西哥一直注重对本国能源生产的保护，在 1994 年 1 月 1 日生效的《北美自由贸易协定》中，墨西哥保留了在石油和天然气资源的开采、提炼及基础石油化工业方面的垄断权。在有关电力设施的活动和投资上，协议规定其他方企业可以在墨西哥收购、建立和（或）经营发电设施，以满足企业自身供应需求，但是发电产生的多余电力必须卖给墨西哥联邦电力委员会，当然墨西哥联邦电力委员会需要在企业同意规定的条款和条件下购买这些电力。

协议第603条是例外条款,规定仅在下列货物(表5-2)上,为了保留这些商品的对外贸易的目的,墨西哥可以限制对这些商品的进出口,采取许可证制度。

表5-2 墨西哥在能源进出口上的例外商品①

编号	商品描述	编号	商品描述
2707.50	按ASTM的D86方法,在250℃提取65%或更多(包括损失)的其他芳香烃混合物	2713.11	未煅烧石油焦
2707.99	橡胶填充油、溶剂油和炭黑原料	2713.20	石油沥青(在HS 2713.20.01编号下,除用于路面铺装时)
2709	从沥青矿物、原油中获得的石油和油	2713.90	其他石油或沥青矿物油的残留物
2710	航空汽油;汽油和汽车燃料库存(除航空汽油和重整作为发动机燃料的贷款存量;煤油;天然气和柴油;石油醚;燃料油;除用于润滑的石蜡油;戊烷类;炭黑原料油;己烷类;庚烷类和石脑油	2714	沥青和天然沥青混合料;沥青或页岩油和油砂,沥青矿和沥青岩(在HS 2714.90.01编号下,除用于路面铺设目的的)
2711	石油气以及除乙烯、丙烯丁烯和丁二烯以外的其他烃类气体,纯度超过50%	2901.10	乙烷、丁烷、戊烷类、己烷类、庚烷类
2712.90	只是油含重超过0.75%的石蜡,散装(墨西哥在HS 2712.90.02编号下对这些货物进行分类),只是为进一步精炼进口	上述编号商品	墨西哥可以限制对其进出口发放许可证

该协议第605条的例外条款规定,尽管本章有任何其他规定,但第605条的规定不适用于其他成员方和墨西哥之间。附件607是国家安全条款,规定第607条对墨西哥不承担义务和任何权利。附件608.2其他条款规定,《加美自由贸易协定》(Canada United States Free Trade Agreement)的附件902.5和附件905.2并入本协定,这一条对墨西哥也不适用②。

三、 墨西哥页岩气开发状况

根据国际能源署的数据,墨西哥现存的常规可采天然气资源约为 3×10^{12} m³,主

---

① 根据North American Free Trade Agreement,Chapter Six信息制表。
② International Energy Agency,Mexico Energy Outlook 2016,World Energy Outlook Special Report,p.68.

要位于约占传统资源 1/3 的墨西哥湾的深水湾近海,而非常规天然气资源估计约 16 ×
10^{12} m³,并且大部分是页岩①。

美国页岩气开发引起了墨西哥的极大兴趣,这是因为在邻近美国的边境地区,墨
西哥的地质构造与美国相同。从图 5-3 可见,与美国接邻的萨维纳斯(Sabinas)和布
尔戈斯(Burgo)等地为墨西哥重要的天然气盆地,拥有页岩地质构造。

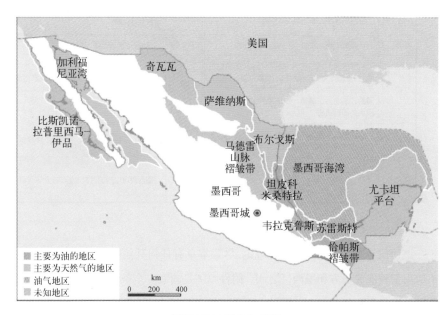

图5-3 墨西
哥含油气盆地
示意

(Mexico Energy Outlook, 2016)

根据国际能源署估算数据,墨西哥页岩气技术可采储量在全球页岩气可采储量中
占比 7.5%,世界排名第六,在美洲地区排名第四(图 5-4)。但是考察墨西哥的非常
规能源产量,21 世纪初以来该国似乎只开采致密气。根据国际能源署的统计,2000 年
墨西哥致密气产量为 9.05 × 10^8 m³,2006 年一度达到 9.71 × 10^8 m³,但其后呈下降趋
势,到 2014 年只有 6.13 × 10^8 m³(图 5-5)。

显然,墨西哥在页岩气的开发上比美国和加拿大起步都要晚。

① International Energy Agency, Mexico Energy Outlook 2016, World Energy Outlook Special Report,
p.68.

图5-4 全球十大
页岩气可采储量
国家①

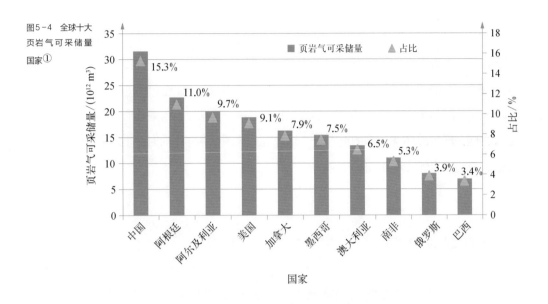

图5-5 2000—
2014年墨西哥致
密气产量变化②

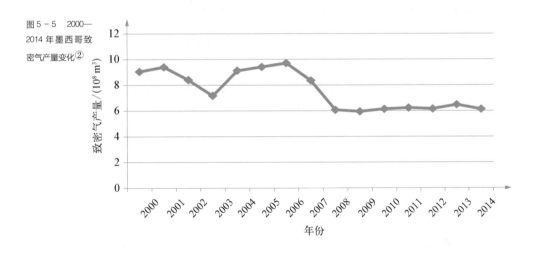

① 根据天拓咨询"全球页岩气技术可采储备排名TOP10信息计算制图。
② 根据 Internation Energy Agency 数据制图。

第二节　墨西哥页岩气发展战略

墨西哥页岩气发展战略是与能源改革和天然气发展规划结合在一起的。2011 年美国能源信息署报告称墨西哥拥有页岩气 681×10^{12} ft^3，该数值为墨西哥天然气已探明储量约 57 倍。根据评估，墨西哥的页岩区分布在五个盆地（Burgos、Sabinas、Tampico、Tuxpan 和 Veracruz）和 8 个页岩沉积区。这一信息让墨西哥政府兴奋不已，决心追随美国，大力开发本国的页岩油气资源，在未来两至两年半的时间里投资 20 亿美元来推进页岩气的开采工作。

一、墨西哥页岩气开发规划

2012 年培尼亚·涅托当选为墨西哥总统，其后实施改革措施。2013 年 8 月 12 日，墨西哥政府宣布能源改革，提出改造石油、天然气和电力部门，引入新的监管和体制框架，结束长期以来国有企业[①]在石油和天然气供应以及发电各方面的垄断，开放竞争，允许私人投资能源领域。能源改革在经过 14 个月的讨论后，于 2014 年 10 月 31 日完成框架设计。

本次能源改革确定了以下六点原则。（1）地下碳氢化合物属于国家，换言之，地下石油资源属国家所有。（2）允许市场准入，即国有企业和私营企业市场公平竞争。（3）强化监管部门，即国家能源部以及其他能源机构（如国家碳氢化合物委员会、能源改革委员会）被授予很大的监督与管理权限。（4）透明化和责任制，包括国家出台的法律法规、规划、政策必须公布于众。油气企业生产活动对环境的影响程度应当透明，承担起保护环境的责任。（5）可持续发展和环境保护。在能源生产中注重环境保护，提倡可再生能源的发展。（6）国家的财政收入利益最大化，并着眼于长远发展。

研究这次能源改革，与页岩气开发相关的措施主要有以下几方面。

（1）开发页岩气资源。对萨维纳斯（Sabinas）和布尔戈斯（Burgo）盆地的页岩资

---

① 墨西哥两大国有企业为墨西哥石油公司（PEMEX）和国家电力公司（CFE）。

源进行开发,设定 2040 年天然气产量目标为 $600 \times 10^8 \text{ m}^3$,即提高产量 1/3 多,其中页岩气占比约 1/4。

(2)提高清洁能源比重。提出 2018 年清洁能源在能源消费总量中占比 25%,2024 年达到 35% 的目标。作为非常规天然气的页岩气一直被视为是低碳能源、清洁能源,尽管使用目前的水力压裂技术可能会产生污染,但只要解决该污染问题,在使用中就是清洁能源了。所以该比重可以视为包括了页岩气消费。

(3)建设油气基础设施。通过对美国天然气进口基础设施的建立和地方资源的开发,使天然气成为 2040 年墨西哥能源系统的支柱。在签订合同的基础上允许私人企业投资发电站和电力供应,扩大和更新改造输电、配电设施。

(4)引入市场竞争机制。墨西哥能源部允许墨西哥国家石油公司(PEMEX)预先选择并申请有意勘探和开采的油气田,剩余区块面向私营部门(包括外资)开放。政府允许国家石油公司的探明储量占比 83%,未探明储量占比 21%。

虽然,墨西哥能源改革打破了能源市场上的国有企业垄断,鼓励私人资金的进入,但是国际能源署专家们认为,墨西哥政府促进天然气比重增加的政策,将使得天然气需求快速增长,但是估计直到 2040 年,墨西哥国内天然气产量依然不能满足需求,仍需要通过管道进口天然气。为此,他们建议墨西哥国家石油公司放弃其天然气供应合同中的一部分,到 2020 年将其市场份额降低至 30% 以下,由此真正建立起有竞争的天然气市场。

(5)促进私人部门竞争。将输电网所有权转移到新创建的独立运营商机构(CENAGAS)。参考美国南部的价格来确定天然气第一手销售价格,如此改革的目的是为了纠正市场扭曲,包括因为公司销售天然气亏损,对最终用户进行补贴,允许私营部门投资天然气勘探、开发、运输、储藏领域,参与天然气国内外贸易和市场营销。墨西哥政府计划 2018 年建成一个完全竞争的天然气市场。政府认为,当天然气价格由市场来决定时,市场的信号将最终鼓励国内企业生产天然气。

根据能源改革规划,2015 年 5—9 月,墨西哥全国油气委员会(CNH)将分阶段对油气区块项目进行公开招标,本次招标涉及全国 183 个油气区块,包括非常规能源、深水、浅水和陆地资源的勘探和开采。在这些油气区块中,待勘探的有 109 个,待开采的有 60 个,已探明石油储量 37 亿桶,初探区域预计储量 146 亿桶。国家电力委员会也对

16 个电力项目进行招标,其中 4 个是天然气管道项目,管道长度分别在 5 ~ 277 km,4 个是发电项目,8 个是输配电项目[1]。

二、 墨西哥政府提出页岩气开发的原因分析

分析墨西哥政府页岩气开发的动因主要来自国内需求的增长和能源生产量的下降。墨西哥的能源结构以石油和天然气为主,其中石油占总量的一半左右。21 世纪初以来,墨西哥的能源总需求增长了 1/4。随着美国页岩气大开发,北美地区的石油生产地位逐渐让位于天然气生产。墨西哥作为世界主要的石油生产国和出口国的地位却随着国内石油生产量的下降而下降。自 2004 年以来,墨西哥石油产量下降超过 100 万桶/天。国内有限的炼油能力和不断增长的石油需求,使得墨西哥成为石油产品的净进口国。从天然气看,其产量也伴随着石油产量的下降而下降,这是因为墨西哥约 3/4 的天然气产量来自石油开采中产生的伴生气(见图 5 - 7,2014 年伴生气产量约达天然气产量的 75%)。而另一方面,墨西哥拥有丰富的天然气资源却开发不足。从 20 世纪 90 年代开始,墨西哥天然气供需缺口逐渐扩大,需要通过进口来满足国内生产的不足,2010 年后这一现象越发严重。从图 5 - 6 可见,2015 年天然气进口超过 300×10^8 m³,而这一时期也正是美国页岩气大规模开发的时间。显然,天然气发展滞后的状况必须改变。

表 5 - 3 显示的是墨西哥天然气生产、探明储量和资源状况,从中可以体会到该国页岩气开发的迫切性、可能性和必要性。

(1)迫切性。从该表可见,常规天然气开采使得剩余量占比不断下降,已经降到 64%,如果不去寻找新的来源则最终会开发殆尽。

(2)可能性。该表中非常规天然气最终可采资源大大超过常规天然气,但无论是累计产量还是探明储量均为零,剩余占比约为 100%,这说明几乎没有什么开发(除致密气外,但该产量与储量相比微不足道),因此开发页岩气潜力很大。

---

[1] 简析墨西哥能源改革. 慈溪全媒体,2015 - 02 - 26.

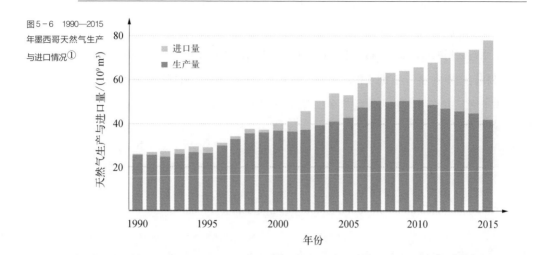

图5-6 1990—2015年墨西哥天然气生产与进口情况[1]

表5-3 墨西哥天然气生产、探明储量和资源 单位：10^{12} m^3

天 然 气	最终可采资源	累计产量	剩余可采资源	剩余占比/%	探明储量
常规天然气	4.4	1.6	2.8	64	0.4
其中：墨西哥湾	1.6	0.0	1.6	100	0.0
非常规天然气	16.0	0.0	16.0	100	0.0
其中：萨比娜和布尔戈斯盆地	15.2	0.0	15.2	100	0.0
总计	20.4	1.6	18.9	92	0.4

注：1."剩余占比"指剩余可采资源在最终可采资源中所占比重。2. 非常规天然气致密气因产量规模很小，累计产量及对剩余占比影响微不足道，在该表中不体现。

（3）必要性。墨西哥天然气最丰富地区——墨西哥湾以及拥有页岩气资源的萨比娜和布尔戈斯盆地的开发，还处于零产量状态，长期以来，墨西哥守着拥有丰富天然气资源的"聚宝盆"不（开发）使用，却在不断地通过管道从美国进口天然气，显然有必要制定开发战略。

为此，墨西哥提出了能源改革措施，从建设基础设施到引进资金；从打破行业垄断到建立竞争市场，希望通过改革措施推进页岩气资源的开发。国际能源署专家认为，通过墨西哥新能源政策将促使天然气消费需求的增加，从而促进页岩气的开发。估计

① International Energy Agency. Mexico Energy Outlook 2016. World Energy Outlook Special Report, p. 24.

天然气需求增加将主要来自三大部门：（1）电力部门，该部门的需求与燃气发电容量将增加，估计到2040年燃气发电容量将增加2.5倍；（2）石油化工部门，来自该部门生产中原料使用的推动；（3）石油上游部门和天然气服务部门，天然气用于提取过程、压缩机和自动发电，都会有助于推动天然气需求的上升。为此，预计到2040年在一次能源需求增长中，天然气将占比约70%，石油需求基本持平，煤炭需求将下降。

第三节　墨西哥页岩气开发实施状况及存在的问题

从2015年能源改革到2017年初，墨西哥页岩气开发进展主要在基础设施建设和国内地质盆地页岩资源的钻井测试上。墨西哥国内页岩油气资源的开发实施起来困难重重。

一、墨西哥页岩气开发现状及存在的困难

从目前墨西哥各页岩区开发情况看，其开发存在的困难主要在勘探打井、建设连接这些油气资源区的基础设施以及钻井测试页岩地层生产力的勘探中，还无开采或任何标志性的产量。从国际能源署《2016年墨西哥能源展望》报告可见，直到2030年，天然气产量中才会出现页岩气产量，而之前非常规天然气中只看到致密气。图5-7传递出如下信息：（1）开发页岩气资源对墨西哥很是不易，至少需要准备10多年时间才能出产量；（2）墨西哥页岩气开发远景无限，2030年后页岩气产量将不断增多，到2040年在天然气产量中将占到1/4左右。

分析墨西哥页岩气资源开发工作进展缓慢的原因，主要在于该国面临着以下问题。

1. 水资源不足

目前页岩气开发主要采用水力压裂技术，这需要耗费大量的水资源。表5-4显示的是美国页岩气井需要的用水量，由于现在美国在页岩气开发技术上最为先进，所

图5-7 墨西哥天
然气生产在新政策
下的发展前景

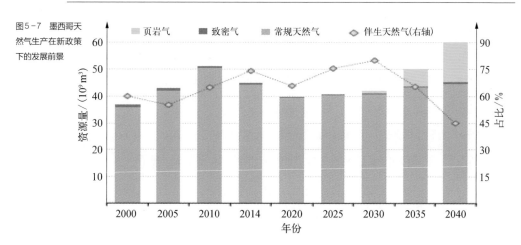

注: 伴生天然气指与石油共生的天然气,即开采油田或油藏时采出的天然气,右轴为伴生天然气在全部天然气生产中的比重。
(Mexico Energy Outlook, 2016)

表5-4 美国页岩
气井需水量 单
位: 万加仑/井

地 区 名 称		用 水 量			
英 文	中 文	钻 井	压 裂	合计/(10^4 gal)	合计/(10^4 m^3)
Marcellus	马塞勒斯	8	380	388	1.5
Barnett	巴奈特	40	230	270	1
Haynesville	海恩斯维尔	100	270	370	1.4
Fayetteville	费耶特维尔	6	290	296	1.2

注: 1 加仑(gal)=3.785 升(L)。
(根据杨挺,孙小涛,2013 数据制表)

以我们可以将这一用水量视为相同地质结构页岩气水力压裂开采中需要的平均用水
量标准。

虽然墨西哥东北部最先钻井,被勘探出页岩气区域,但该区严重缺水,地下水资源
在墨西哥人均可用水排名上位于倒数第二。缺水问题成为该地区页岩气开发一大障
碍,其他地区也存在相似问题。

2. 资金缺乏

页岩气开发先期需要投入的资金很多,且不说勘探所需的巨额资金投入,就说
开采打一口井,少则几百万美元,多则上千万美元。根据普华永道和私营部门经济研

究中心(Cespedes)研究显示,要实现墨西哥2024年清洁能源消费占比35%的目标,14年时间里该国需要投入750亿美元①。应该看到,墨西哥决定发展页岩气时正值国际油气价格下降之时,油气价格下降,这对消费者是福音,但对于勘探、开采者就是坏消息。比如,美国一些后进入该行业的企业还没收回投入成本,就面临因价格下跌出现的严重亏损。这一状况阻退了一些新企业的进入。

图5-8显示的是这一时期国际油价波动状况,从中可见,2015年8月份后国际油价不断下跌,到2016年初已经从50多美元/桶下降到30多美元/桶了。

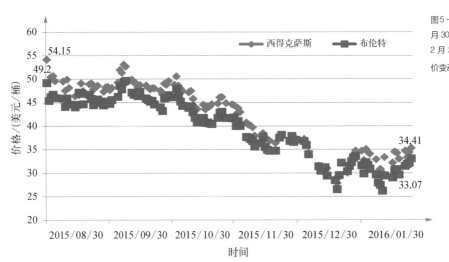

图5-8 2015年8月30日—2016年2月24日国际油价变动状况②

这一时期北美页岩气的开发也导致该地区天然气进出口价格的下降。从图5-9可见,2015年全年天然气进口或出口价格已经下降到3美元/千立方英尺,这对页岩气开发商无疑是一个打击。而对于能源消费企业来说,既然可以较便宜地进口天然气,降低燃料成本,当然直接进口天然气了。这无疑对政府正在大力鼓励的页岩气开发战略产生消极的影响。

---

① 墨西哥清洁能源部门需要年投资50亿美元.墨西哥金融家报,2015-11-27.
② 根据国际石油网各日数据汇集制图。

图 5 - 9 1985—2015 年美国天然气进出口价格

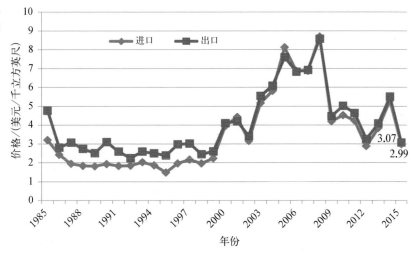

（根据 U. S. Energy Information Administration, 2016 数据制图）

3. 污染问题

目前的水力压裂技术需要使用各类化学添加剂,返回的水或注入地下的水如果不加处理就会带来严重的环境污染或地下水污染问题,而处理污水也意味着开采成本的增加,在天然气价格下降之时,显然负担不轻。为了避免污染问题,已经有国家(如法国)通过立法禁止使用水力压裂技术,也有国家(如美国)通过严格立法规范操作和开采程序来避免污染问题。

4. 技术难度和人才匮乏

美国通过几十年的研究才在页岩气开发技术上获得突破,使得页岩气可以以经济的方式进行开采。墨西哥刚刚酝酿开发之事,无论从开采技术上,还是从技术型人才队伍组建上,都存在不足。而人力资本的不足,也阻碍了国家石油公司的效益和使用技术。

此外,根据先进资源国际公司的判断,墨西哥陆上盆地的页岩气资源经预估达到 $2\,366 \times 10^{12}$ ft^3,但地质结构复杂,深度超过 5 000 m,在现有技术条件下开采起来具有很大的风险[1]。地质结构和开采风险制约了开发能力。

---

[1] 墨西哥开始开发页岩气资源,中国石化新闻网,2011 - 08 - 28.

5. 基础设施不足

从开采地到炼油气厂、石油化工厂、发电站,从生产地到各加油加气站,需要建立完备的基础设施,包括公路网、管道系统、存储设施。比如,美国 2008 年单管道就有 210 多个长度相似、总计长达 49.1×10^4 km,此外还有大量地下存储设施以及多个国际贸易点,美国的管道与加拿大和墨西哥相互连通,由此方便将油气的进出口[①]。而墨西哥现有的基础设施规模限制了页岩气开采后从产地输送到加工场和消费者,修筑公路、铺设管道不仅需要资金,也需要一定的时间。

6. 邻国的竞争

2016 年,墨西哥通过收购已经获得四个地质盆地的地震数据,运营商勘探的重点在墨西哥北部横跨墨西哥和美国得克萨斯州的伊戈福特(Eagle Ford)页岩上,四年里在那里钻探了 18 个井,结果喜忧参半。除了资源状况不确定外,最主要是美国的页岩气开发已经到中期,美国已经为运营商提供了一个已知的监管和操作安全的制度和环境,建立起较完备的基础设施。而墨西哥页岩气开发才刚刚起步,估计成本要远高于美国南部。因此,对于加拿大国家能源公司和其他运营商而言,从美国南部进口天然气似乎更加经济[②]。

二、 墨西哥政府采取的措施

鉴于墨西哥在开发页岩气方面存在的各种困难,政府期望通过采取下列措施来加以解决。

1. 引进资金

通过能源体制改革、开放市场、对外招标等方式,引入国内私营企业投资和外国直接投资。

墨西哥的能源早期被外国石油公司所控制,1938 年 3 月,墨西哥卡德纳斯总统签

---

① 墨西哥为何复制不了美国页岩气的成功. 中国石油新闻中心,2016 – 08 – 01.
② International Energy Agency, Mexico Energy Outlook 2016, World Energy Outlook Special Report, p. 104.

发《没收石油公司财产法令》，宣布将 17 家美、英、荷石油公司的产业全部收归国有，在此基础上建立起墨西哥国家能源公司（PEMEX）。由此也形成了国家对能源领域的垄断。经过多年发展，墨西哥国家能源公司已成为世界十大石油公司之一。由于是国有企业，公司的收入通过税收的形式上缴，构成国家财政的重要组成部分。据统计，政府预算的 1/3 来自国家能源公司上缴的收入。

此外，国有企业巨大的养老金保险的支付也使其经营效率低下。随着境内油气资源的减少，公司的产量下降，成本上升。墨西哥另一家国有企业是墨西哥国家电力公司（CFE），其拥有 92% 的发电容量和全部的输配电系统。一个控制着能源上游的生产，一个控制着能源下游的消费。

为了打破垄断、提高效率，墨西哥政府出台了能源改革政策。新政策终止了国有关联企业的垄断，推动能源部门对外开放，期望通过引进私人资本和国际资本投资，增加国家大型油气资源的效益；同时让有限的私营部门参与电力行业和国家公用事业中，培养竞争市场。新政策鼓励私人资本和外资对包括页岩气在内的各类低碳能源领域投资。

墨西哥政府的能源改革措施吸引了国内外资金进入能源领域和电力领域。根据墨西哥媒体报道，2014 年，墨西哥能源部确定了总储量约 180 亿桶的陆地和海上 169 个生产区块，提供给 2015 年首轮竞标的外国投资者。已经参与美国得克萨斯州页岩气开采的日本三井物产则表示，将与墨西哥国家石油公司建立能源事业战略合作协议书，未来将进入墨西哥油气开发领域。

2015 年墨西哥进行首轮清洁电力的招标，国内外 69 家企业参与了 18 个太阳能、风能项目的竞标，总投资额超过 26 亿美元，发电量占墨西哥全部发电量的 2% 左右。包括墨西哥在内的 5 个国家的 11 家企业在招标中胜出。中国光伏制造商晶科能源控股有限公司希望在墨西哥建设并运营太阳能发电站，本次中标了 3 个项目。2014 年加拿大横加公司（TransCanada）就曾表示将在墨西哥竞标两个总价值约 15 亿美元的电力项目[①]。

此外，这一措施也吸引了国内私营企业的投资。根据 2016 年墨西哥当地媒体报道，墨西哥财力最雄厚的四位投资者已经在清洁能源领域投资了 11.9 亿美元，并计划

---

① 财政观察：墨西哥能源改革使清洁能源成为投资热点，2016 - 04 - 25；新华社，2016 - 04 - 26；墨西哥有望成为北美能源开发"新宠"，中国高新技术产业导报，2014 - 11 - 24.

在2020年前追加相同数额的投资。

2017年墨西哥再次启动招标计划,向投资者提供致密石油区块和页岩气区块。墨西哥政府预计到21世纪20年代后期,亨利中心(Henry Hub)的天然气价格将上涨到5美元/百万英热单位,这一价格将吸引更多的投资者进入,进而开发墨西哥页岩气。

2. 着手基础设施建设

墨西哥政府计划进行两个大管道建设,一个在墨西哥海湾,一个顺太平洋沿岸到墨西哥中部。目前已经开始建设的是由中心地带向北部的基础设施,其目的是连接北美的管道网络。

墨西哥也吸引外资参与本国的基础设施建设。2015年加拿大横加公司与墨西哥国家电力局签署有关在墨西哥建设和经营图斯潘-图拉(Tuxpan-Tula)天然气管道合同,金额为5亿美元。在这之前,加拿大横加公司已经向墨西哥投资约26亿美元,计划建设5条管道,其中,塔马孙查莱(Tamazunchale)至瓜达拉哈拉(Guadalajara)天然气管道已经拥有并正在经营,正在建设的是托波洛万波(Topolobampo)至马萨特兰(Mazatlan)管道。

从图5-10可见,墨西哥已经测试过的页岩区块是伊戈福特(Eagle Ford play),预期蕴藏页岩的盆地有萨比纳斯(Sabinas)、布尔戈斯(Burgas)、坦皮科(Tampico)。墨西哥页岩气集中在东部沿墨西哥湾西海岸,而大部分常规天然气田则是在墨西哥湾南部区域。墨西哥正在建设新管道,并设法将它们与已建的管道连接,与页岩气区块连接。

3. 引进及培养人才

墨西哥《联邦移民法》规定,特殊工作或技术人员不受有关"专业技术人员原则上必须是墨西哥公民"等规则的限制,要求公司雇佣外国人担任专业技术工作,需要外国人对墨西哥籍的工人进行培训。在有关引进劳务及工作签证管理中,墨西哥允许四类人士在墨西哥一次性停留可以达到一年,他们是:提供货物或服务的商务人士及外国投资者、公司顾问、高级管理人员、专业技术人员[①]。这种注重专业人才引进的政策有利于墨西哥页岩气开发战略。

4. 学习邻国经验

墨西哥页岩气产量目标是:2035年达到70×10^8 m³,2040年进一步达到150×10^8 m³。

---

① 部分国家引进劳务和工作签证汇总,http://www.docin.com/p-486491972.html.

图 5-10 墨
西哥气田与管
道建设①

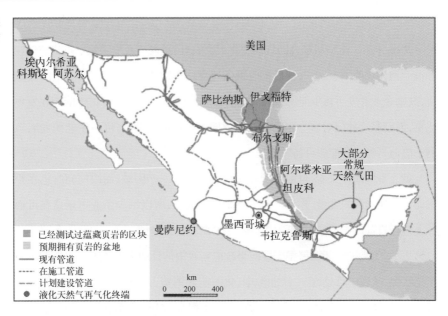

当然实现这一目标的前提是,墨西哥需要根据非常规资源的特点,在财政、开采许可以及社会环境上,制定一套监管制度。墨西哥表示将学习美国和加拿大已有经验,建立适当的法律,负责水的管理,制订高技术标准,加强行业透明度,通过建立未来行业环保表现能够被测度的底线,建立一个协调的、在关键环境方面实行全面监管的框架,建立适当报告和监察制度。

第四节   墨西哥页岩气发展战略对本国经济的影响

我们注意到,在能源改革中墨西哥政府提出了发展可再生能源的目标,它表明了政府提倡经济可持续发展的态度。

---

① International Energy Agency, Mexico Energy Outlook 2016, World Energy Outlook Special Report, p.104.

一、 清洁能源比重将上升

2016 年第二十一届联合国气候变化大会召开,墨西哥政府是第一批提交气候承诺和推动该协议的国家之一,其后墨西哥通过立法推动该目标的实现,要求国人保护环境,鼓励企业开发可再生能源,增加水能、核能、风能、太阳能等可再生能源在发电中的比重,鼓励私营部门对这些非化石能源领域进行投资。无疑,可再生能源发展政策有利于墨西哥经济和能源可持续发展。

就企业的态度来看,目前由于开采页岩气存在一些困难,而政府同时也在积极地推动可再生能源的发展,并且出台了不少优惠政策,所以不少企业更乐意在可再生能源上进行投资。不过,这并不动摇页岩气未来发展的趋势。

表 5-5 是国际能源署根据墨西哥政府新政策估计的未来该国一次能源消费结构变化状况,从表中可见,在一次能源中,化石能源消费占比将从 2014 年的 90% 下降到 2040 年的 83%;同期可再生能源消费将从 9% 提高到 14%,若加上核能消费,非化石能源消费比重将达到 17%。从化石能源消费看,天然气消费同期比重将从 32% 增加到 38%,提高 6 个百分点,石油、煤炭消费都将减少。

能源 \ 年份	2000	2014	2020	2030	2040	比重/% 2014	比重/% 2040	年均增长/%
化石能源	131	170	168	176	186	90	83	0.4
其中 石油	89	96	91	95	95	51	42	-0.1
其中 天然气	35	61	68	74	86	32	38	1.4
其中 煤炭	7	13	10	7	6	7	3	-3.1
可再生能源	17	16	19	25	31	9	14	2.7
其中 水电	3	3	3	4	5	2	2	1.4
其中 生物质能	9	9	9	9	9	5	4	0.6
其中 其他	5	4	7	12	17	2	8	5.9
核 电	2	3	3	5	7	1	3	4.2
总 计	150	188	190	206	225	100	100	0.7

表 5-5 2000—2040 年墨西哥一次能源消费结构变化状况 单位:百万油当量

(World Energy Outlook Special Report)

　　图 5 - 11 显示的是未来墨西哥清洁能源在电力中占比情况。墨西哥对世界气候的承诺是 2035 年实现清洁能源在发电中占比 40%。从图 5 - 11(a)看,能源体制改革后清洁能源在电力中的比重不断上升,到 2035 年超过 40%。从图 5 - 11(b)看,如果不进行能源改革,2035 年只能达到 35%。

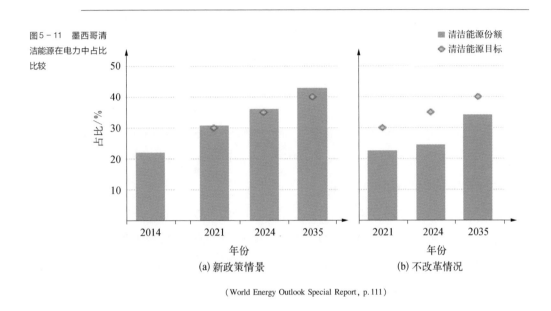

图 5 - 11　墨西哥清洁能源在电力中占比比较

(World Energy Outlook Special Report, p. 111)

二、 天然气净进口将逐步减少

　　长期以来,墨西哥的石油行业一直是出口收入的重要部分,也是墨西哥工业增值的重要贡献者,2013 年贡献率达到 13%。但是天然气行业却不景气,越来越依赖进口。

　　从 2010 年到 2015 年,墨西哥从美国南部的天然气进口一直在急剧上升,增加了两倍多。从表 5 - 6 可见,2015 年墨西哥从美国进口的天然气达到 299×10^8 m^3。与美国地理上的邻近和更紧密的能源一体化承诺将对墨西哥未来能源发展产生重大影响,特别是对天然气和石油产品的供应上。

国家	能源单位	石油/（万桶/天）		天然气/（$10^8 m^3$）		电力/（$10^8 kW \cdot h$）	
	贸易流向	进口	出口	进口	出口	进口	出口
美国	从（对）加拿大	300	40	771	192	68.4	8.6
	从（对）墨西哥	70	7*	0	299	1.6	1.7
	合计	370	47	771	491	70	10.3

表 5 - 6　2015 年
北美能源贸易

注：＊成品油或精制油。

（根据 World Energy Outlook Special Report p.102 数据制表）

墨西哥能源改革的目的是为了扭转天然气行业业绩下滑的局面,期望通过打破垄断、开放市场、引进资金开发页岩气资源,从而改变现状。同时改革也涉及电力行业,打破电力行业的垄断,引进私人资本,也是为了降低成本,提高经营效率,减少国家对电力长期以来的补贴,减少财政支出。

图 5 - 12 显示的是到 2040 年墨西哥天然气进口和生产变化情况。根据国际能源署分析,考虑到北美页岩气发展趋势以及墨西哥开发页岩气的难度,墨西哥从美国进口天然气的状况依然会持续很长时间。2030 年后,墨西哥天然气进口在需求中的份额

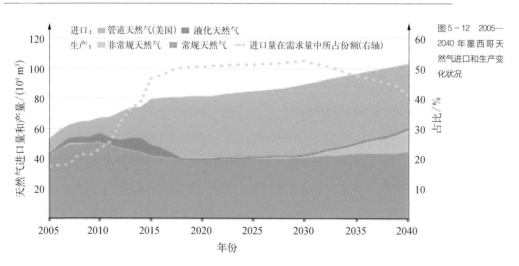

图 5 - 12　2005—
2040 年墨西哥天
然气进口和生产变
化状况

（World Energy Outlook Special Report p.103）

才会显著下降,从50%下降到2040年的40%。这10年中非常规天然气(主要是页岩气)产量将不断增加。

本章小结

综上可见,墨西哥页岩气蕴藏量较大,但该国开发起步晚,困难多,开采难度大,至今还未形成产量规模。但墨西哥政府通过能源体制改革,采用招标方式引进国内外资金,勘探测度,建设管道等基础设施,制订发展规划,积极着手准备。

值得注意的是,现任美国总统特朗普还在2016年竞选时就声称,就任后将重开北美自由贸易协定谈判,否则就退出协定。同时也提出在美墨边境修筑围墙,征收边境税。2017年1月特朗普就任总统后立刻兑现其承诺,并阻止美国汽车公司去墨西哥投资新厂,要求美国企业撤出墨西哥。根据墨西哥媒体报道,特朗普的一系列强硬言行导致墨西哥损失近44亿美元[①]。美墨关系跌入冰点。这不仅影响到北美自贸区一体化进程,而且还给墨西哥带来很大的能源安全问题。

为了维护能源安全,2016年12月,墨西哥政府提出了强制性最低库存政策。与此同时,墨西哥能源部(Ministry of Energy)在网站上公布了一个《强制性最低库存成品油的公共政策》(Public Policy for Mandatory Minimum Stocks of Oil Products),听取公民的反馈意见或建议。声称为增加墨西哥的能源安全,将通过一个授权来维持各地的汽油、柴油和喷气燃料(即航空涡轮发动机燃料)的最低库存。该最低库存就是能够满足2019年5天、2021年10天和2025年15天的国家需求量。仅在特殊情况下根据墨西哥能源部门协调委员会(Mexico's Energy Sector Coordinating Council)的指示才能使用这一库存。该强制性最低库存政策适用于所有将石油产品销售到石油站或最终用户的经销商。该政策规定了要求各地每周报告石油产品和原有库存的制度,从2017年2月份开始,能源部将把各地信息汇总、公布,让大家了解各地的供应情况,以改善

---

① 该数据来自李思默,2017-02-23.

全国各地区的供应条件。墨西哥政府认为,这一政策将有助于使国内存储基础设施根据该领域最佳的国际惯例现代化,并吸引投资①。

特朗普总统对墨政策也促使墨西哥的贸易和投资多元化,进一步发展与包括中国在内的非北美自贸区成员国之间的关系,探索签署双边自贸协定的可能,加强能源之间的合作。

---

① gob. mx. Project of public for mandatory minimum stock of gasoline, diesel, and jet fuel, 2016 - 12 - 28.

第三篇

欧洲地区页岩气发展战略研究

第六章

欧洲联盟页岩气
发展战略研究

由技术进步的引发的"页岩气革命"首先在美国发生,页岩气正在成为一种新兴的极具发展潜力的能源。根据国际能源署估计,欧洲这一世界上天然气进口最多的地区也拥有着丰富的页岩气资源。为了保证本地区的能源安全,欧盟一些国家也开始思考是否可以模仿美国,催生欧洲大陆的"页岩气革命"。

第一节　欧盟页岩气发展战略的出台背景

2011 年欧盟委员会出台《能源 2020》新战略,提出未来 10 年将从五个方面去确保能源安全问题,在基础设施上投资一万亿欧元,提高能效,完善和统一能源市场。根据《第二战略能源评论》(Second Strategic Energy Review),欧盟确定其能源计划的基本原则是可持续性、竞争性与供给安全,提出欧盟实现 3 个"20"计划:第一,2020 年比 1990 年减少温室气体排放 20%;第二,增加可再生能源在能源消费的比例至 20%;第三,能源利用率提高 20%[①]。天然气消费符合减少温室气体排放的要求,受到欧盟国家的青睐。

一、欧盟国家天然气进口依赖度高

2011 年 12 月,欧盟委员会又发布《2050 年能源路线图》,指出欧盟可以通过四个路径实现向低碳经济的转变:提高能源效率,使用可再生能源,使用核能,提高碳的获取与储存能力(Zgajewski,Tania,2014)。天然气作为一种清洁能源,具有二氧化碳排放量少、风险小且运营成本低的特点,因此,为了实现节能减排目标以及促进经济的可持续增长,欧盟政策制定者纷纷决定以后更多地使用天然气来替代煤炭、石

[①]　European Union Commission. Second Strategic Energy Directorate General for Energy and Transport, 2008.

油等化石燃料。

　　表6-1反映的是2008—2014年21个主要的欧盟国家天然气消费量,从表中可见,第一,欧盟国家存在着巨大的天然气消费量,2008—2014年年均消费量为4 478.8 × 10^8 m³,其消费量占全世界的比重保持在11%以上;第二,英国、德国、意大利、法国与荷兰是欧盟国家中天然气消费最多的5个国家,而法国、比利时、波兰、罗马尼亚的年天然气消费量也均在100×10^8 m³以上[①];第三,除了波兰以外,其余的其他欧盟国家的天然气消费量呈现出下降趋势,特别是斯洛伐克、丹麦、芬兰、罗马尼亚与英国这5个国家,天然气消费增长率皆为负增长。

表6-1 主要欧盟国家以及全世界2008—2014年天然气消费量 单位: 10^8 m³

国家/地区	2008	2009	2010	2011	2012	2013	2014
奥地利	95.08	92.84	100.82	94.73	90.44	84.92	77.77
比利时	164.87	167.91	188.44	166.04	169.27	168.20	147.49
保加利亚	32.41	23.18	25.53	29.23	27.24	26.32	26.14
捷克	86.88	81.84	92.80	84.15	83.86	84.66	75.12
丹麦	45.90	44.10	49.89	41.79	38.99	37.30	31.60
芬兰	40.01	35.71	39.46	34.51	30.52	28.38	24.33
法国	438.04	417.77	468.64	404.83	422.33	428.34	358.51
德国	812.34	780.23	833.04	745.20	783.68	824.55	709.37
希腊	38.90	32.71	35.82	44.17	40.56	35.79	27.39
匈牙利	134.28	116.55	125.06	110.77	100.69	92.34	83.54
爱尔兰	49.88	47.49	52.13	45.83	44.70	43.02	41.34
意大利	778.10	715.22	761.72	714.24	686.72	642.30	567.53
立陶宛	32.45	27.27	31.15	33.99	33.18	27.05	25.67
荷兰	385.83	388.90	435.96	380.56	364.37	370.48	321.12
波兰	149.46	144.21	155.08	157.18	166.42	166.23	162.78
葡萄牙	47.43	47.10	51.25	51.89	44.99	42.65	37.79
罗马尼亚	158.82	132.57	135.79	139.27	135.33	125.71	117.32
斯洛伐克	57.40	49.17	55.63	51.52	48.50	53.49	37.10
西班牙	387.81	346.88	345.82	321.45	317.43	289.75	262.93

　　① 限于数据可得性,这里的欧盟国家不包括卢森堡、马耳他、塞浦路斯、拉脱维亚、斯洛文尼亚与爱沙尼亚。

（续表）

国家/地区	2008	2009	2010	2011	2012	2013	2014
瑞典	9.38	11.48	15.59	12.61	11.02	10.88	9.37
英国	937.80	871.37	941.70	781.73	739.27	734.18	666.75
欧盟国家	4 883.07	4 574.51	4 941.32	4 445.69	4 379.54	4 316.54	3 810.96
全世界	30 482.3	29 698.75	31 936.89	32 653.13	33 458.06	33 809.88	33 929.94

（BP Statistical Review of World Energy，2015）

在表6-1中我们发现，大部分欧盟国家天然气的消费量自2010年后逐年下降。
2010年欧盟天然气消费在世界中占比15.47%，2014年已经下降到11.23%。但从天
然气在一次能源中的占比情况（图6-1）来看，欧盟天然气消费量比重由2005年的
24.1%增加至2010年的26%，2015年又上升到27.4%。该现象说明，欧盟经济不景
气，导致能源总需求下降，但天然气消费下降的幅度不及石油等能源消费下降的幅度，
由此可见，天然气消费在一次能源中的比重提高。欧盟预测鼓励清洁能源使用的政策
将使该指标在2030年上升到30%以上。

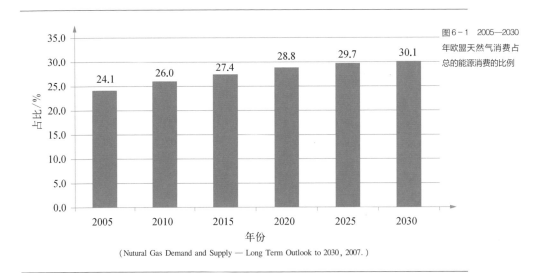

图6-1 2005—2030
年欧盟天然气消费占
总的能源消费的比例

（Nutural Gas Demand and Supply — Long Term Outlook to 2030，2007.）

尽管欧盟天然气消费在总的能源消费中的比重会在2030年以后突破30%，但是
欧盟国家自身的天然气生产却在逐年降低。表6-2显示的是2010—2014年欧盟主要
天然气生产国的天然气生产情况。从表中可见，在2010—2014年，除了罗马尼亚和波兰

国　家	2010	2011	2012	2013	2014
荷兰	705.08	641.96	638.51	686.55	557.84
英国	571.34	452.39	388.80	364.77	365.84
罗马尼亚	108.55	109.01	109.35	108.54	114.39
德国	106.28	99.99	90.39	82.20	77.22
意大利	77.05	77.45	78.87	70.90	65.53
丹麦	82.15	65.91	57.53	48.45	46.12
波兰	41.03	42.78	43.41	42.48	41.62

（BP, Statistical Review of World Energy 2015）

的天然气生产量基本保持不变以外,其余国家的天然气生产均出现明显的下滑趋势,其中以英国与荷兰最甚,天然气生产量分别由 2010 年的 $571.34 \times 10^8 \, m^3$ 与 $705.08 \times 10^8 \, m^3$ 下降到 2014 年的 $365.84 \times 10^8 \, m^3$ 和 $557.84 \times 10^8 \, m^3$,下降幅度分别高达 35.97% 和 20.88%。根据欧洲天然气公司(Eurogas)的数据,目前欧洲的天然气生产(包括挪威)占欧盟天然气市场供应的 59%,预计 2020 年降至 30% 左右,2030 年降至 25%。需求的上升与本土生产减少引发的巨大外部需求,使得欧盟必须要向其他国家进口大量的天然气,而这势必提高欧盟的天然气进口依赖度。

图 6 - 2 反映了 2005—2035 年欧盟对非欧盟国家天然气的进口依赖度。从图中可

图 6 - 2 2005—2030 年欧盟 27 国对非欧盟国家天然气的进口依赖度

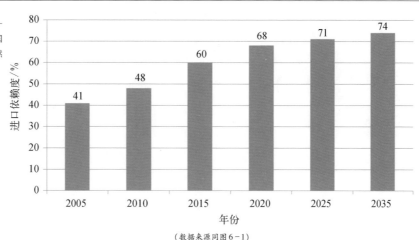

（数据来源同图 6-1）

知,欧盟对非欧盟国家天然气的进口依赖度由 2005 年的 41% 增加至 2010 年的 48% ,并且预测这一指标会在 2030 年上升到四分之三左右。这表明欧盟对非欧盟国家存在着巨大的天然气进口依赖。

二、 欧盟国家天然气进口渠道单一

欧洲的天然气消费 60% 来自进口,而俄罗斯一直是欧洲最大的天然气供应国(祝佳,汪前元,唐松,2012)。俄罗斯的天然气工业股份公司作为世界上最大的天然气生产与出口公司,其年均天然气总产量高达 18.4×10^{12} ft^3(Tcf),在俄罗斯天然气总产量中占比 80% ,该公司 70% 的出口收益来自欧洲市场[①]。图 6 - 3 刻画了 2009 年与 2013 年整个欧洲地区天然气供给来源地,从图中可见,俄罗斯对欧洲的天然气供应占欧洲天然气总使用量比重 2009 年为 19% ,2035 年将上升到 32% ,而各国本土供应的天然气则由 2009 年的 19% 将下降到 2035 年的 4% 。显然,俄罗斯在整个欧洲地区的能源供给的地理结构中占据着非常重要的位置,预计这种重要性在今后的 20 年里还会迅速上升。

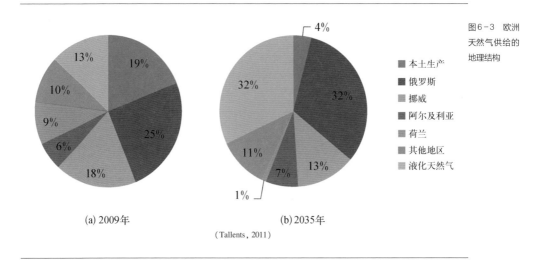

图6-3 欧洲天然气供给的地理结构

(a) 2009年   (b) 2035年

(Tallents, 2011)

图例:
- ■ 本土生产
- ■ 俄罗斯
- ■ 挪威
- ■ 阿尔及利亚
- ■ 荷兰
- ■ 其他地区
- ■ 液化天然气

----

① Jude Clemente. USAEE Working Paper, 2012.

2000 年初普京当选为总统以后,俄罗斯的政治权力开始向中央集中,权力的集中使得普京政府能够利用俄罗斯丰富的天然气资源作为重要工具在国际政治舞台上进行博弈,扩展俄罗斯的国际影响力。1997 年普京在其博士毕业论文《资源基地再利用的战略性规划(Strategic Planning of the Reproduction of the Resource Base)》中指出,俄罗斯的能源部门应该由国家指导,并严格地用于提高国家利益。在普京当政的十几年间,俄罗斯一直致力于将能源开采行业置于克里姆林宫的控制之下,扶持建立了许多垂直一体化并且可以和国际石油公司竞争的能源企业,政府部门可以任意干涉能源公司的生产计划。

近年来,欧洲局势的紧张使得欧洲国家开始思考当俄罗斯使用能源作为一种政治武器时该如何应对,因为欧盟地区的许多国家都需要依靠来自俄罗斯的天然气生产本地区四分之一的电力。俄罗斯输往欧洲国家的天然气80%要经过乌克兰,俄罗斯与乌克兰两国的关系紧张直接影响到整个欧洲的能源供应,进而危及欧盟国家的能源安全。2006 年 1 月 1 日,俄罗斯曾切断通往乌克兰的天然气,最后经过双方的磋商讨论,俄、乌两国于 2006 年 1 月 4 日就价格问题达成一致,俄罗斯恢复对乌克兰天然气的输送。而这一天然气的暂停供应使得很多欧洲国家受到影响。2009 年 1 月,俄罗斯与乌克兰关系再次紧张,俄罗斯天然气工业股份公司暂停 13 天对乌克兰天然气的输送,造成 $300 \times 10^8 \ m^3/d$ 的供应切断,而当时有 18 个欧洲国家声称受到此次天然气供给暂停的影响。2014 年 6 月 16 日,俄罗斯宣布即日起对乌克兰实行天然气预付款制度,简单地说,就是"一手交钱,一手交货",这意味着一旦乌克兰无法按照合同准时向俄罗斯交纳天然气价款,俄罗斯将会暂停对乌克兰的天然气供应,这势必影响俄罗斯向欧洲国家的天然气供应,使得欧洲国家的能源安全受到严重威胁。

俄罗斯可以随时暂停对欧洲的天然气供应,暴露出欧盟国家能源安全问题的严重性。因此,欧洲国家纷纷开始寻找新的能源来源,使其能源供给渠道多样化。美国页岩气革命的爆发,使欧洲人开始考虑页岩气可能成为未来俄罗斯管道天然气的绝佳替代品。尽管现有的技术条件使得目前欧洲只能利用页岩气很小一部分,但是它却可能减弱俄罗斯天然气工业股份公司在欧洲市场上讨价还价的能力,进而降低来自俄罗斯的天然气的价格。例如,2011 年俄罗斯天然气工业股份公司向欧洲地区出口 $5.5 \times 10^{12} \ ft^3$ 天然气,如果欧洲每年可以自己生产 $3 \times 10^{12} \ ft^3$ 的页岩气,那么将大大减少对俄

罗斯天然气的依赖,而这对匈牙利、波兰这些天然气严重依赖向俄罗斯进口的国家尤
为重要。

三、 欧洲地区有着丰富的页岩气资源

　　欧盟国家之所以关心页岩气的发展,一个重要的原因在于大量的研究机构对欧洲
地区的页岩气储量进行粗略估算的数据表明:欧洲地区可能存在储量丰富的页岩气
资源。欧盟对本地区页岩气储量的情况却尚不明确。

　　2011 年先进资源国际有限公司(ARI)为美国能源部能源信息管理局(EIA)作了
一个题为《世界页岩气资源: 初步评估》的研究,根据该研究世界上 14 个地区(包含 32
个国家)的页岩气储量,该研究估计出了欧洲地区的页岩气储量(表 6-3)。由该表可

表 6-3 欧洲页岩气储量和技术开采数量

地 区	国 家	总储量/tcf	技术可采储量/tcf
东 欧	波兰	792	187
	立陶宛	17	4
	佳宁格勒	76	19
	乌克兰	197	42
西 欧	法国	720	180
	德国	33	8
	荷兰	66	17
	瑞典	164	41
	挪威	333	83
	丹麦	92	23
	英国	97	20
欧 洲	合 计	2 587	624
全世界	总 计	221 016	5 760

(EIA, 2011)

以看出,欧洲页岩气资源丰富,页岩气总储量高达 792×10^{12} ft^3,技术可采储量高达 187×10^{12} ft^3,约占全球技术可采储量的 10%;其次欧盟国家页岩气资源地区分布比较广泛,但地区储量并不均匀,其中以波兰、法国、瑞典等国的页岩气的储量最为丰富,总储量均在 100×10^{12} ft^3 以上,而技术开采储量也均在 40×10^{12} ft^3 以上。如果上述数据属实,那么页岩气的开发必然会极大地改变欧洲天然气的供给结构。

2013 年国际能源署对该研究报告估计数进行了修正,指出欧洲地区可采的页岩气储量实际上比以前预计的更高,约为 885×10^{12} ft^3,2012 年底欧洲可采的页岩气储量占世界的 12% 左右。

除了美国能源信息管理局,也有其他学者或者研究结构对欧洲乃至世界页岩气储量进行了评估。在联合研究中心(Joint Research Center, JRC)2012 年一份题为《非常规天然气:对欧洲能源市场的潜在影响》报告中详细比较了 2012 年以前文献中对世界页岩气可采储量的估计结果(表 6 - 4)。从表中可见,欧洲页岩气储量的情况并不十分明朗,最高估计值为 17.6×10^{12} ft^3,最低估计值仅为 2.3×10^{12} ft^3,平均估计值约为 8.9×10^{12} ft^3,在世界页岩气储量中占 9.1% 。尽管欧洲与美国和加拿大的天然气可采储量有着不小的差距,但是估计的欧洲页岩气平均可采储量是常规天然气可采储量的76.7%,一旦技术成熟,欧洲本土地区的页岩气可以以低成本、少污染的方式开采出来,那么欧洲天然气供给结构必会发生巨大的变化,欧盟国家的能源安全也会得到较好的保障。

表6-4 文献中对于页岩气可采储量估计的平均值 单位: 10^{12} ft^3

国家/地区	常规天然气	致密气	煤层气	页岩气		
				最低估计值	平均估计值	最高估计值
美 国	27.2	12.7	3.7	8.0	23.5	47.4
加拿大	8.8	6.7	2.0	1.4	11.1	28.3
欧 洲	11.6	1.4	1.4	2.3	8.9	17.6
中 国	12.5	9.9	2.8	4.2	19.2	39.8
全世界	424.9	45.4	25.5	7.1	97.4	186.4

(JRC, 2012)

第二节　　欧盟各方对开发页岩气的态度及其采取的措施

尽管能源安全问题以及丰富的页岩气资源使得部分欧盟国家热衷于页岩气资源的开发,但是由于欧盟地区复杂的地理条件以及页岩气的开发导致污染物排放和水土污染等问题,使得欧盟各方对开发页岩气的态度呈现出不同的趋势,本节从两个方面分析欧盟各方对开发页岩气的态度及其采取的措施。

一、 欧盟的管理机构对开发页岩气的态度及采取的行动

欧盟委员会对开发页岩气总体保持一种积极的态度。2012 年 7 月 17 日,在布鲁塞尔能源会议上,欧盟能源专员厄廷格(Gunther Oettinger)指出,美国使用页岩气减少了对卡塔尔与尼日利亚的能源依赖,使得美国的天然气进口额仅为欧盟的三分之一,欧盟应该鼓励页岩气的发展,不用过多地考虑开发页岩气的风险。在 2013 年《欧盟2030 年气候和能源政策目标绿皮书》发布会上,厄廷格再次表达了他对页岩气开发的积极态度,并且在绿皮书中明确指出:"在保护环境的基础上,需要进一步开发本土的常规和非常规石油、天然气资源"。

为了更好地了解当前欧盟的监管框架是否足够涵盖页岩气开发活动的风险以及页岩气的开发会对欧盟地区产生的影响,欧盟委员会下令进行几项重要的研究。

1. 分析页岩气开采的法律基础

欧盟委员委托研究机构进行了以下三项相关研究。

(1) 2011 年欧盟委员委托菲利普和合作伙伴(Philippe & Partners)法律公司撰写一份题为《欧洲非常规天然气》的报告,该报告对欧盟开采页岩气的法律基础进行考察,指出当前欧盟的管制框架可以涵盖页岩气开发(早期开发)的方方面面。例如,管理页岩气开采和生产活动授权的法律基础是《碳氢化合物指令》;水源保护的法律基础是《水框架指令》《地下水指令》《矿业废弃物指令》;营运商的赔偿责任受《环境责任指令》的管理;化学物品的使用受《化学品的注册、评估、授权和限制规律》(REACH)法规的管理。当然这份报告同时指出,随着页岩气开发规模的提高,欧盟的法律规定也应

作出相应的调整。

（2）2013 年欧盟委员会委托 JRC（Joint Research Center）分析利用水力压裂的方法开采页岩气时特定物质的使用是否在 REACH 法规法规的管理之下，研究结果表明，在相关法律法规中水力压裂和页岩气并没有被明确提及。

（3）2013 年欧盟委员会委托 Milieu's Ltd 公司的比利时办公室为一些欧盟国家的页岩气开采活动的管理提供一些更加详细的建议。

2. 考察页岩气的开发会对欧盟地区产生的影响

欧盟委员会委托研究机构进行了以下四项研究。

（1）2012 年欧盟委员会委托 AEA Technology plc 分析页岩气开发对欧盟生态环境产生的影响。该研究表明，和常规天然气相比，页岩气的开发会对环境施加更大的压力。

（2）2012 年欧盟委员会委托 AEA Technology plc 分析页岩气开发对欧盟气候产生的影响。该研究表明，和常规天然气相比，页岩气会产生更多的温室气体，但是如果管理得当，与来自俄罗斯和阿尔及利亚的天然气相比会产生更少的温室气体。

（3）2012 年欧盟委员会委托 JRC 分析页岩气的开发对欧盟能源市场的影响。该研究表明，美国页岩气革命的爆发，使得大量的液化气涌入欧洲市场，进而冲击欧盟市场的能源价格，并且在欧盟常规天然气生产不断减少的背景下，页岩气的开发并不会使欧盟的天然气市场自给自足。

（4）2012 年欧盟委员会委托 JRC 分析美国页岩气的发展历程以及对 2020—2030 年欧盟页岩气发展的借鉴意义。研究指出，应当特别注意页岩气开发带来的环境与社会影响。

在进行了一系列的研究后，欧盟委员会将"建立一个安全提取非常规碳氢化合物的环境、气候与能源评估框架"放入 2013 年的工作计划中，并且在 2012 年底开始为页岩气开发的责任相关者提供在线咨询。

二、 欧盟议会对开发页岩气的态度及采取的行动

总体而言，欧盟议会对开发页岩气总体保持一种谨慎的态度。2012 年，欧盟议会

的下属机构行业研究与能源委员会以及环境、公共卫生和食品安全委员会分别发表了一项报告,对于欧盟国家页岩气的发展表示支持。这两份报告同时指出,页岩气开采商需要披露水力压裂过程中所使用的化学物质,并且需要进一步完善欧盟与国家的法律来加强监管。截至 2012 年,欧洲议会采用了两项关于使用水力压裂技术开采页岩气的不确定的决议,在这两项决议中欧盟议会并没有否定使用水力压裂技术开采页岩气。2013 年 10 月 9 日,欧盟议会提议在开发商使用水力压裂技术开采页岩气以前,必须对其环境影响进行评估,但是 2 个月以后欧盟议会又取消了这一提议。

三、 欧盟成员方对开发页岩气的态度及采取的行动

欧盟成员方可以自主的选择能源的消费种类与生产种类,因此,在欧盟现有的法律框架下,每一个成员方有权利决定是否开采本国的页岩气资源。由于环保组织和民众担心使用水力压裂的方式开采页岩气会引发环境污染与地震等自然灾害,使得欧盟成员方对页岩气的开发态度出现"两极化"的趋势。

1. 以法国为首的欧盟多个国家颁布页岩气开采禁令

法国一直将核能作为重点发展的新能源,是欧盟第一个禁止使用水力压裂的成员。2011 年 6 月法国颁布禁令:第一,禁止所有使用水力压裂的方法勘探与开发碳氢化合物;第二,对水力压裂法进行详细的评估并寻找新的替代技术,在进行评估时要接受社会公众的质询;第三,对于所有的采矿权的所有者,必须向法国能源总局就已经使用过的并且现在禁止使用的开发碳氢化合物的技术进行报备(武正弯,2013)。随后,法国又连续撤销了几个开采许可。2012 年 9 月 14 日,法国总统奥朗德重申在他的总统任期内禁止使用水力压裂方法勘探与开发碳氢化合物。2013 年 10 月 11 日,法国议会驳回了一项来自 Schuepbach 能源公司建议的取消水力压裂禁令的提案,指出水力压裂禁令是符合宪法的。

由于环保组织的压力,2012 年 1 月保加利亚政府禁止使用水力压裂的方法开采页岩气。2013 年新任总理普拉门·奥雷沙尔斯基(Plamen Oresharski)上任后,延续了这一政策。2013 年 6 月,环境部长米哈洛娃(Iskra Mihaylova)指出,禁令只是一个临时

措施,需要进一步的分析来证明开采页岩气是否安全。她同时指出,缺乏信任是目前最大的挑战之一,因为选民相信公共机构不捍卫公民的利益。环保人士担心抗议活动后,地下水污染等问题仍无法得到解决。她承诺禁令将会保持。此后,捷克、比利时、荷兰、卢森堡也因为大规模的抗议活动而搁置了页岩气的开发计划。

2. 波兰、英国等国家积极支持页岩气的开发

波兰是欧盟成员中发展页岩气积极性最高的一个国家,波兰政府对页岩气行业的发展给予了巨大的政策支持。2014年3月波兰总理唐纳德·图斯克(Donald Tusk)宣布,在2020年以前不会对页岩气开采行业征税,在2020年后对页岩气开采行业征收的税不会超过其利润的40%。波兰新的环境部长格拉鲍夫斯基(Maciej Grabowski)指出,页岩气是他2014年工作的重点。波兰之所以热心发展页岩气原因有三:首先,波兰政府认为,按照美国的经验,页岩气排放的温室气体比其他化石燃料少50%;其次,波兰政府指出,页岩气的开发为波兰提供了一个减少对俄罗斯能源依赖度的契机;第三,开采页岩气比建设一个核电厂需要更少的时间。到目前为止,波兰政府已经颁发了110个页岩气开采许可,有45台钻井在运行(Zgajewski, Tania, 2014)。

英国曾经一度颁布了页岩气开采禁令,但是随着研究表明可以较好地处理页岩气开采引发的地震,以及大规模离岸页岩气资源的发现,出于能源安全考虑,英国对页岩气开采的态度发生转变。英国地质调查局地质研究员奈吉尔·史密斯(Nigel Smith)指出,如果英国可以充分利用其页岩气资源,将可实现能源自给自足。2012年12月3日,英国政府宣布解除禁止开采页岩气的禁令。

根据《纽约时报》2013年12月17日的报道,英国首相卡梅伦曾经警告欧盟委员会,认为页岩气的开发与利用将为欧洲带来风险,除非取消立法中的烦琐细节。不过,2014年1月卡梅伦已经向鼓励页岩气开发的地方政府承诺减免数百万英镑的税收,并宣布英国将"全力以赴开发页岩气"。卡梅伦宣布,英国地方当局将接收页岩气地区的全部税款。根据英国政府计算,重点生产地区的税款每年将高达170万英镑。2015年9月英国政府表示,在相同的经济激励条件下,页岩气可能成为通向更加绿色的未来能源的桥梁(中外能源,2014;2015)。

3. 一些欧盟国家对页岩气的开发持摇摆不定的态度

2012年12月,德国议会在对页岩气进行二次审议时拒绝对水力压裂实施禁令。

2013 年 2 月底,德国政府颁布了在环保的前提下允许用水力压裂开发页岩气的立法草案,但由于强烈的政治反对,直到 2013 年 9 月 22 日才获得通过。2013 年 11 月,新一届德国政府宣布,除非证明水力压裂不会对环境和公众健康产生不利影响,否则德国将不会开发页岩气。

在西班牙,页岩气的开发许可由地方自治机构和中央政府一起管理,这取决于页岩气的开发是否跨越多个区域。西班牙的中央政府一直支持页岩气的开发,2013 年西班牙的能源与旅游行业部长指出,只要水力压裂不违背相关的坏保法规,中央政府就会寻找机会促进页岩气的发展。然而 2013 年 4 月,坎塔布里亚的自治社区通过一个法案禁止在该区域内水力压裂的使用。

第三节　　欧盟页岩气开发面临的主要问题

美国的页岩气繁荣能否同样在欧盟上演? 对于这一问题,大多学者的答案是至少在近期以内,欧盟页岩气的发展将远远滞后于美国。前面我们看到,欧盟有着丰富的天然气资源,但是页岩气发展十分缓慢,甚至受到"抵触",为何出现这样的问题? 本节从四个方面对这一问题进行剖析。

一、 欧盟地区地形复杂且人口密集度高

相对于北美而言,欧盟地区适用于开发页岩气的地理环境较差,表现为富含有机物的岩石地层的构造更为复杂、盆地的规模较小。在过去的几亿年中,欧盟地区地底岩石活动形成大量的断层,极大地增加了探测与开采页岩气的难度。根据牛津能源研究所的一项研究,欧洲蕴含天然气的岩石层通常比美国低 1. 5 倍(Andrew Peaple,2011)。而欧洲页岩气田的黏土含量和超压性使得水力压裂工艺更为复杂。欧盟地区与北美地区之间这种地理条件的差异,使得在北美开采页岩气的技术不能全部应用到

欧盟地区。此外,欧洲最有潜力的页岩气盆地位于北海的海上,然而在海面上开采页岩气的技术并不成熟。欧盟地区复杂的地理环境不仅减少了页岩气的储存量,同时也提高了页岩气的开采成本。根据国际能源署的估算,欧盟的页岩气开发成本是美国的 2~3 倍,目前美国的页岩气生产成本大约在 3~7 美元/百万油当量,而欧盟的页岩气生产成本将达到 8~12 美元/百万油当量(IEA,2011)。

除了地理条件复杂外,欧盟地区较高的人口密度也极大地限制了欧盟页岩气的发展。表 6-5 显示的是几个主要的欧盟国家与世界其他国家人口密度比较,可以看出,欧盟国家的人口密度要高于世界其他国家,是北美地区的 5 倍多,是世界平均水平的 3 倍左右,在欧盟的成员中以荷兰的人口密度最高,高达 395 人/平方公里,是世界平均水平的 9 倍多。欧盟国家较高的人口密度意味着页岩气的开发区域很可能与居民区相隔较近,因此页岩气开发过程中产生的噪声污染、水污染以及地震等会对民众的健康生活造成严重的威胁,因而遭到民众的反对。

表6-5 欧盟国家与世界其他国家的人口密度对比 单位: 人/平方公里

欧 盟 国 家	人口密度	其他国家或地区	人口密度
奥地利	98	澳大利亚	3
法国	110	巴西	22
丹麦	126	加拿大	3
德国	230	中国	136
意大利	192	印度	328
荷兰	395	伊朗	41
波兰	124	俄罗斯	8
西班牙	80	美国	36
英国	243	北美地区	20
欧盟地区	115	全世界	43

(World Factbook, 2011)

除了污染与地质灾害以外,页岩气开发过程中的两个特性使其也不合适在人口密集的地方进行生产。首先,页岩气的开发需要更多的土地,根据美国的经验,一个页岩气开采井的占地面积为 $0.8 \ km^2$,远远高于常规天然气开采面积(Easac,2015),考虑到目前页岩气开发都是集聚作业,因此在人口较为密集的地区很可能出现页岩气开发与社会公众争夺土地资源的局面。

　　此外,使用水力压裂的方法开采页岩气除了需要更多的土地以外,还需要大量的水资源。因此,在人口众多且比较干旱的地区开采页岩气,会造成页岩气行业与农业、城市居民用水以及其他行业竞争用水的局面。

二、 基础设施薄弱且页岩气服务公司稀少

　　页岩气的开发除了需要开采技术外,还需要完善的基础设施和较多的页岩气服务公司,而这正是欧盟国家所欠缺的。就基础设施而言,欧盟国家钻井机的数量特别是天然气钻井机与陆地钻井机较少。表 6-6 显示的是 2015 年 3 月与 2014 年 3 月欧洲地区各个类型旋转回转钻井机的数量及其占全世界的比重。从表中可以看出,欧洲天然气钻井机与陆地钻井机较为缺乏:2015 年 3 月其拥有天然气钻井机 30 台、陆地钻井机 80 台,占全世界比重也较小;更为严重的是天然气和路基钻井机的数量与占比均出现下降的趋势,天然气钻井机数目占全世界的比重由 2014 年 3 月的 15.29% 下降到 2014 年 3 月的 12.55%,陆地钻井机数量占全世界的比重由 2014 年 3 月的 9.20% 下降到 2014 年 3 月的 8.56%。

表6-6 2015 年 3 月与 2014 年 3 月欧洲各类型回转钻井机的数量及其占全世界的比重①

钻井机类型	2014 年 3 月		2015 年 3 月	
	数量/台	占全世界比重/%	数量/台	占全世界比重/%
石　油	89	8.39	83	8.50
天然气	37	15.29	30	12.55
混　合	22	52.38	22	61.11
陆　地	93	9.20	80	8.56
海　洋	55	16.47	55	17.41
合　计	148	0.11	135	0.11

---

　　① Energy Economist. com.

　　既然欧盟国家天然气生产的基础设施较为薄弱,这些国家理应加强这一方面的投资,然而事实并非如此。表 6－7 显示的是在国际能源署的新政策(2010)下 2009—2035 年世界各地区各类型天然气投资的金额。从表中可见,欧盟国家的天然气投资额远远落后于北美地区,年平均投资额仅为 190 亿美元,仅仅比拉丁美洲高一点,而按类型来说,欧盟地区大部分投资用于天然气的运输,仅有约 37% 的投资用于天然气的开发与投资。

表 6－7　2010—2035 年各地区各类天然气基础设施投资金额　单位:亿美元

地　区	开发与生产投资	运输投资	液化气投资	总投资	年平均投资
欧盟	1 790	3 050	110	4 960	190
欧洲	4 190	3 200	110	7 510	290
北美	12 630	4 590	240	17 460	670
俄罗斯	5 250	2 340	330	7 920	300
非洲	5 830	600	1 220	7 640	290
亚洲	7 210	3 210	940	11 360	440
拉丁美洲	3 190	890	440	4 520	170

(IEA, World Energy Outlook, 2010, p.197)

　　除了基础设施投资较为薄弱外,欧盟国家页岩气的服务公司也比较稀少。目前,欧盟地区的能源服务公司主要为海洋石油的勘探与开采、基础设施及相关工程提供服务。页岩气服务公司的缺乏使得页岩气开发企业必须自己提供相关服务,由此提高了企业的生产成本,降低了企业的营业利润。而在美国,斯伦贝谢(Schlumberger)、哈里伯顿(Halliburton)、贝克休斯(Baker Hughes)、威德福(Weatherford)这些著名的能源服务公司,均在北美市场上为页岩气开发商提供开采和生产服务,对于促进北美页岩气行业的繁荣发挥了重要的作用。

三、 开发带来的环境污染问题引发环保主义者担忧

　　页岩气开发引起的主要环境问题是在水力压裂过程中使用的化学品可能会污染

饮用。水力压裂液通常为97%～98%的水和沙子与压裂的化学品(只包括2%～3%的流体)。根据每个场地的地质条件,所产生的流体的计算公式略有不同。

一些评论家呼吁增加在水力压裂过程中所使用的化学品的透明度和披露相关信息。页岩气生产商认为,压裂液的组成是专有信息,压裂液通过水泥和钢套管和饮用水分离出来。然而不可否认的是,开发页岩气是存在污染地下水的风险的。美国环境保护局指出,开发页岩气时采取适当的措施是必不可少的,应当将生产区域和饮用水来源区分割开来。

许多欧洲国家在页岩气钻探开始之前应该进行研究或数据收集,把这些结果与钻探后的结果相比较,可以很好地了解页岩气对地下水的影响。如何处理页岩气开发过程中所产生的废水,也是值得注意的一个问题。运营商目前正在探索如何使用和回收水力压裂产生的水。回收水的使用可以大大减少对地表水的提取和废水处理或处理的需求。

页岩气开发除了会造成地下水的污染,还可能引发地震等自然灾害,危及公众的安全。2011年5月,Cuadrilla能源公司自动停止在英国黑池附近的钻井活动,因为他们发现,将外部的水注入地壳以后,会引发地壳活动进而造成周围地区两次轻微的地震。同时该公司还发现,与石油或常规天然气的开采一样,页岩气开发还会引起地面的下沉,因为矿物质的去除会引起上覆地表岩石下沉或倒塌(Ernst,Young,2011)。

欧盟是近代环保主义的发源地,环保问题在欧盟国家一直是重要的政治议题,民众的环保意识非常强烈。20世纪80年代,环保主义者就以政党形式存在并活动,逐步发展成为欧盟政坛一支重要的力量——绿党。绿党在欧洲议会和欧盟多个国家议会都占有席位,在德国还曾与社民党一起联合执政。绿党及其他一些环保团体认为,页岩气开发会带来环境问题,因此反对进行页岩气开发,并组织了多场示威游行向政府施压。此外,一些环保组织或者打着环保主义旗号的政党,利用页岩气开发对环境影响的不确定性以及民众的担忧情绪,在页岩气开发问题上大做文章,希冀以此为突破口,为本党造声势、拉选票,增强自身的政治影响力。这在一定程度上给欧盟及其成员政府的决策造成了困扰。

第四节　　欧盟页岩气开发现状分析

虽然欧盟地区有着丰富的天然气资源,并且已经有 50 多座天然气钻机,但是欧盟国家页岩气资源地区分布比较广泛,地区储量不均匀,其中以波兰、法国、瑞典、英国五国的页岩气储量最为丰富,考虑到这五个国家中仅有波兰和英国政府支持页岩气的开发,因此下面着重分析这两个国家页岩气开发的具体情况。

一、波兰页岩气开发现状

根据国际能源署的估算,波兰是欧盟成员中页岩气资源最为丰富的国家,约有 5.3×10^{12} m³。由于波兰 90% 的天然气进口都来自俄罗斯,因此波兰政府致力于多样化其能源储备,从而摆脱俄罗斯的影响。目前,波兰与俄罗斯的能源合同有效期到 2022 年,因此,若在近几年找到一个替代能源,波兰就可以增加它和俄罗斯谈判的筹码。波兰政府将页岩气的开发作为其保障能源安全的重要一点,并较早地加入了美国领导的全球页岩气倡议。2011 年 9 月,波兰总理 Donald Tusk 宣布,在 2014 年底或 2015 年初波兰将开始着手页岩气商业性开采,并且在 2035 年实现能源的自给自足。

波兰已经引进 20 多家公司在波罗的海盆地和卢布林盆地进行页岩气开采。2012 年 6 月,波兰环境部发表一份报告,指出自 2007 年以来,波兰一共发布了 111 个页岩气开采许可,还有 28 个页岩气开采许可正在审核。

波兰政府同时鼓励本土企业开采页岩气。2012 年 9 月波兰的 Lotos 公司与荷兰的 PGNiG 公司就共同开发 PGNiG 拥有的 7 个可以开采的页岩气区域达成一致。波兰最大的国营能源开发商——波兰国营石油公司(PKN Orlen)宣布会增加寻找页岩气的活动,并在 2012 年进行水力压裂。2012 年 3 月 PGNiG 公司宣布,会在 2014 年生产页岩气并在 2019 年将产量翻倍。当然也有企业在波兰的页岩气开采活动遇到挫折。埃克森美孚(ExxonMobil)一开始拥有 6 个页岩气开采许可,但是由于在 2012 年发现该公司的两个钻井开采结果令人失望后,该公司放弃在波兰的页岩气开采活动。

目前,在波兰开发页岩气成本比较高,一口钻井的价格为 1 000 万美元到 1 500 万美元,是美国的三倍。根据波兰地质学院(PGI)计算,波兰页岩气生产的盈亏平衡的成本将是 9 美元/百万英热单位。此外,由于波兰页岩气的技术可采量仍不明朗,而公众是否一直支持水力压裂也不明确,从而使得波兰页岩气的开采具有较高的不确定性。截至 2014 年底,波兰的页岩气开采并没有像政府预期的那样进入商业生产阶段。

二、 英国页岩气开发现状

与波兰类似,英国也同样拥有丰富的页岩气资源,根据国际能源署估计,英国技术可采页岩气储量为 $(500 \sim 550) \, 10^9 \, \mathrm{m}^3$,且主要集中在北英格兰波罗的海盆地以及南威尔士附近的区域。

目前英国政府已经为 54 家公司颁发了 93 个碳氢化合物(大部分为常规的碳氢化合物)的开采许可。2011 年春英国政府指出,在 2020 年以前,页岩气对于满足英国天然气需求的贡献较小。在 2012 年 3 月一共有 6 个开采许可用于页岩气的开采,其中 Cuadrilla 公司拥有 3 个,IGAS 公司拥有 1 个,英国 Methane 公司拥有 2 个。

本章小结

本章研究了欧盟国家页岩气发展战略。首先,介绍了欧盟国家发展页岩气的基本背景,指出欧盟国家天然气需求巨大、天然气进口依赖度高且进口来源单一,能源安全成为欧盟国家普遍关注的问题。同时,欧盟国家又有着丰富的页岩气资源,使得欧盟国家页岩气的发展很有必要。其次,考察了欧盟各国对页岩气发展的基本态度。总体而言,欧盟的管理机构是支持页岩气的发展的,但是由于公众担忧页岩气开发带来的污染问题,使得欧盟成员方对页岩气的开发态度出现"两极化"的趋势:以法国为首的欧盟多个国家颁布页岩气开采禁令,而波兰、英国等国家积极支持页岩气的开发,还有一些国家比如德国、保加利亚则对页岩气的开发持摇摆不定的态度。本章也分析了欧盟国家页岩气发展过程中遇到的问题,指出复杂的地理环境、人口密集度高、基础设施薄弱、页岩气服务公司稀少以及页岩气开发引发的环境污染问题等因素是制约欧盟国家页岩气发展的障碍。最后,本章也介绍了欧盟地区特别是波兰和英国的页岩气开发现状。

第七章

其他欧洲地区 页岩气发展 战略研究

上一章中分析了欧盟地区页岩气的发展现状,本章主要考察欧洲其他地区页岩气的发展状况,包括俄罗斯对页岩气开发的基本态度和策略,欧洲非欧盟国家页岩气开发动态以及世界页岩气开发趋势对产油国生产带来的冲击。

第一节　　俄罗斯对页岩气开发的基本态度和策略

俄罗斯有着丰富的油气资源,在国际能源市场上特别是欧洲能源市场上占据极其重要的地位。但是自美国爆发"页岩气革命"以来,俄罗斯在欧洲能源供需格局中的地位开始动摇。一方面,美国天然气产量大幅增长,自2009年以来,美国已经连续6年取代俄罗斯成为世界上最大的天然气生产国,在满足国内消费的前提下,预计几年以后美国将可能成为世界上重要的天然气出口国;另一方面,美国也不断降低天然气进口量,在这种情况下,原先向美国出口的西亚、北非国家的天然气被迫转入欧洲市场和亚太市场,俄罗斯在国际能源市场的利益受到威胁(王晓梅,2015)。为此,俄罗斯对页岩气的开发的态度发生转变,并且采取一系列的措施应对页岩气的发展。

一、 俄罗斯对页岩气开发的基本态度

起初俄罗斯并未对页岩气的开采表现出积极的态度,原因有二:第一,俄罗斯拥有全球最大的天然气储量,约 48×10^{12} m^3,占全球天然气储量的四分之一,在现在的开采率下,俄罗斯的天然气生产可以持续60年;第二,俄罗斯境内开采常规天然气的成本远远低于非常规天然气——页岩气,俄罗斯传统天然气开采不仅技术成熟、成本较低,而且天然气出口管道网络比较完善,而页岩气的开采成本与页岩层密切相关且具有浪费水资源、污染环境等特性,使得页岩气的开发成本较高。

随着美国页岩气大开发以及部分欧洲国家开始发展页岩气,俄罗斯政府开始担心自己对欧洲页岩气出口价格的下降幅度会远远超过预期,由此俄罗斯对页岩气发展的

态度发生转变。2012 年 10 月在能源发展与环境安全委员会的会议上，为了应对美国页岩气发展，俄罗斯总统普京要求俄罗斯天然气工业公司评估天然气出口的基本政策，并且要求能源部就"2030 年天然气行业发展计划"作出调整，俄罗斯相关的政府部门与企业开始关注并研究起俄罗斯的页岩气开发。

2013 年 2 月，俄罗斯自然资源与环境部起草了一份关于页岩气开发的文件，该文件指出，政府需要提供支持去探明俄罗斯的页岩气储量与种类以及评估页岩气的开发技术，同时该文件也指出，俄罗斯天然气工业股份公司、俄罗斯石油公司与西伯利亚煤炭能源公司将共同参与到非常规碳氢化合物燃料的开采中来。

二、 俄罗斯应对页岩气革命的策略

俄罗斯具有丰富的石油和天然气资源，石油和天然气出口的收入占俄罗斯财政收入的一半以上，占国内生产总值的 20% 左右，促进油气出口是俄罗斯维持经济平稳发展的重要途径。俄罗斯天然气出口中有四分之三输往欧洲，保持俄罗斯在欧洲地区的天然气出口对于稳定俄罗斯经济具有重要意义。然而，美国页岩气的发展以及部分欧洲国家开发页岩气的战略使得俄罗斯对欧洲市场天然气供应的垄断价格受到挑战，俄罗斯在欧洲天然气市场的利益受到严重威胁。为了应对页岩气革命浪潮的冲击，俄罗斯当局不得不重新构想页岩气发展的新战略。

1. 油气战略重心东移，加快与东北亚地区的油气合作

2009 年以前俄罗斯许多政治家与专家认为，"页岩气革命"不会对全球范围内的能源前景造成重要影响，但是 2010 年以后这种想法发生变化。2010 年 3 月，俄罗斯杜马会议有政要指出，有必要研究美国与中国的页岩气发展情况及其对俄罗斯的影响。2009 年俄罗斯出台了《2030 年前俄罗斯能源战略》，提出最大限度利用俄罗斯油气资源，巩固俄罗斯在国际能源市场的地位，实现能源出口结构与出口渠道多元化的发展战略；为了实现这一目标，俄罗斯需要加强与亚太地区的多边能源合作，将能源出口的战略方向东移。2012 年 12 月，俄罗斯联邦国家杜马能源委员会主席格拉乔夫在北京参加第四届中国对外投资合作洽谈会时指出："为保证国家经济平稳的发展，俄罗斯能

源战略重心正在逐步东移。"

乌克兰危机爆发以后,2014 年俄罗斯修改了《2030 年前俄罗斯能源战略》,制定了《2035 年前俄罗斯能源战略》。新的战略指出,亚太地区将是俄罗斯最具潜力的油气出口市场,俄罗斯对亚太地区的能源出口量占俄罗斯出口总额的比重将提高到28％以上。

在亚太地区,中、日、韩三国均存在巨大的天然气需求,从表 7－1 可见,2008—2014 年,中、日、韩三国的天然气消费整体呈现出一种上升的态势,其中以中国最甚,天然气消费的年均增长率高达13.77％,而且中、日、韩三国天然气的消费量占整个亚洲地区天然气的消费量的比重也有上升的趋势,由 2008 年的43.4％上升到 2014 年的51.3％。

年份\国别	2008	2009	2010	2011	2012	2013	2014
中国	871.63	955.71	1 143.18	1 379.10	1 539.62	1 734.49	1 880.35
日本	937.40	874.45	945.07	1 054.64	1 135.11	1 135.05	1 124.97
韩国	356.71	339.08	430.08	462.84	501.85	525.23	477.73
三国在亚太占比	43.4%	42.3%	44.1%	47.3%	49.1%	51.0%	51.3%

表 7－1 2008—2014年中、日、韩三国天然气消费情况 单位: $10^8\,m^3$

(根据 BP Statistical Review of World Energy 2015, p.23 制表)

只要基础设施比较完备,中、日、韩三国均可能成为俄罗斯天然气出口的重要目的地,俄罗斯在欧洲天然气市场的损失可以通过开拓亚太地区的市场获得弥补。面对"页岩气革命"对欧洲天然气市场的冲击,俄罗斯积极加快与中、日、韩三国的能源合作。2012 年在亚太经济合作组织的峰会上俄罗斯总统普京指出,俄罗斯将会与中国及亚太国家建立新的能源方面的合作关系,而中国是俄罗斯能源合作的主要合作目标。至此,多年来没有实质性进展的中俄能源合作的局面在 2013 年后出现扭转。

2013 年 3 月中俄达成石油增供协议,从 2018 年开始,俄罗斯向中国增加原油出口 $3\,400 \times 10^4$ t,其中斯科沃罗季诺-漠河二期管道增加 $1\,500 \times 10^4$ t,科济米诺港增加 900×10^4 t,中哈石油管道增加 $1\,000 \times 10^4$ t(王四海,闵游,2013)。2014 年 5 月俄罗斯总统普京访华期间,中俄两国政府正式签署中俄东线天然气合作协议,中石油与俄罗斯天然气工业股份公司签署了最终的天然气合同——《中俄东线供气购销合同》。按照合同,俄罗斯将从 2018 年起通过中俄东线天然气管道向中国供气,输气量逐年增长,最终达到 $380 \times 10^9 \ m^3/a$,累计 30 年,总价为 4 000 亿美元,主供气源地为俄罗斯东西伯利亚的伊尔库茨克州科维克金气油气田。俄天然气工业股份公司负责气田开发、天然气处理厂和俄罗斯境内管道的建设,中石油负责中国境内输气管道和储气库等配套设施建设。2014 年 11 月,中俄又签署了西线天然气项目框架合作协议,合同规定俄罗斯每年向中国供气 $300 \times 10^8 \ m^3$,为期 30 年,总价值超过 3 000 亿美元(王晓梅,2015)。

2. 调整与欧洲地区的天然气供应价格

俄罗斯天然气公司对欧洲天然气的出口一直是通过长期的合同方式来确定的,天然气的定价主要参考石油价格。美国页岩气革命的发生,使得美国液化气的进口量减少,中亚、北非大量液化气开始向欧洲地区出口,对欧洲地区天然气的供应价格产生了极大的冲击。为了保持俄罗斯在欧洲天然气市场的份额,俄罗斯天然气工业公司开始调整其对欧洲地区天然气供应的长期合同,降低天然气价格。2011 年俄罗斯天然气工业公司指出,如果爱沙尼亚和拉脱维亚两国向俄罗斯的天然气进口量保持在 2007 年水平,那么俄罗斯天然气工业公司将会给予这两国的天然气供应价格 15% 的折扣优惠。2012 年 1 月俄罗斯天然气工业公司下属子公司指出,同意降低位于德国、法国与意大利的 5 个能源公司天然气出口价格。2012 年 3 月,俄罗斯天然气公司的首席执行官阿列克谢米勒与意大利埃尼石油集团的首席执行长官保罗斯卡罗尼达成一个额外的协议,俄罗斯天然气公司对埃尼石油集团出口的每千立方米天然气价格将会在以前的基础上减少 24 美元。类似,2012 年 11 月,俄罗斯天然气公司与波兰石油天然气公司达成协议,俄罗斯天然气公司对波兰石油天然气公司出口的每千立方米天然气价格将会在以前的基础上减少 460 美元。

3. 进行大规模的干线管道建设

首先为增加对欧洲地区天然气供应,俄罗斯与部分欧洲国家正在积极合作加强油气输出管道的建设。2012 年 10 月,北溪天然气管道第二条管线开始运行,这条管线全长 1 224 km,通过波罗的海连接俄罗斯与德国,将使俄罗斯对欧洲的天然供应量由以前的 $275 \times 10^8 \ m^3$ 增加到 $550 \times 10^8 \ m^3$。为了使俄罗斯天然气出口渠道多样化,2012 年 12 月南溪天然气管道开始建设,这条管道通过黑海将俄罗斯与中欧和南欧链接起来,设定 2015 年底正式运营。

除了在欧洲地区进行油气输出建设外,俄罗斯还在本国东部地区进行基础设施的建设。俄罗斯在东部地区有三大天然气管道：东西伯利亚-太平洋石油运输管道、萨哈林-哈巴罗夫斯克-符拉迪沃斯托克天然气管线、"西伯利亚力量"天然气管道。目前，东西伯利亚-太平洋石油运输管道的斯科沃罗季诺-大庆支线已建成并投入使用，萨哈林-哈巴罗夫斯克-符拉迪沃斯托克天然气管线也建成并投入使用。"西伯利亚力量"天然气管道一期设计工程已经启动，2016 年建成投产。中俄天然气运输管道东线，即"西伯利亚力量"天然气管道的中国支线，计划 2018 年建成开始供气，年供气量为 $380 \times 10^8 \ \mathrm{m}^3$。中俄天然气管道西线阿尔泰天然气管道，长约 3 000 km，年供气 $300 \times 10^8 \ \mathrm{m}^3$，也早已开始论证（王四海，闵游，2013）。

4. 加大东西伯利亚地区油气勘探力度

2011 年俄罗斯油气勘探投资为 87 亿卢布，2012 年投资上升到 128 亿卢布，较前一年上涨 47.12%。就俄罗斯油气勘探投资的地区结构而言，2011 年和 2012 年俄罗斯油气勘探预算投资基本上投向东西伯利亚地区。2013 年，俄罗斯国家油气勘探投资进一步达到 150 亿卢布，占俄罗斯地质勘探投资的 50% 左右，投资的重点是东西伯利亚-太平洋石油运输管道沿线的东西伯利亚地区。

可见，俄罗斯正在为欧美页岩气开发可能对本国天然气生产带来的冲击做积极的准备。

第二节　欧洲其他非欧盟国家页岩气开发动态

除了俄罗斯以外，欧洲地区非欧盟的国家中一些国家则在积极推动页岩气的发展，比如土耳其、乌克兰，本节重点介绍这两个国家的页岩气开发动态。

一、土耳其的页岩气开发动态

土耳其对天然气的依赖度非常高，2008 年天然气消费量 $375 \times 10^8 \ \mathrm{m}^3$，2014 年上

升到 486×10^8 m³(图7-1)。但是,该国的天然气产量却持续下降,2013年天然气生产量仅占其消费量的34.5%。土耳其对俄罗斯的天然气的依赖度一直在45%以上(富景筠,2014)。2013年国际能源署(IEA)预计,将东南部地区和色雷斯地区考虑在内,土耳其页岩气技术可采量约为 24×10^{12} m³。如果这一数据可靠,那么页岩气这一非常规能源的开发,对于土耳其减少外部天然气的依赖、维护能源安全有着重要的意义。

图7-1 2008—2014年土耳其的天然气消费状况

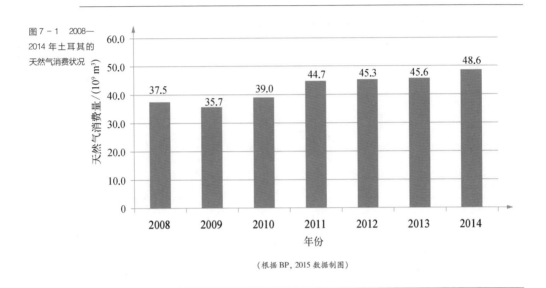

(根据BP,2015数据制图)

土耳其页岩气储量较丰富地区主要有安纳托利亚东南盆地与色雷斯盆地,有专家预计,金牛盆地以及黑海盆地也可能蕴含极为丰富的页岩气,但是这有待于进一步的研究。安纳托利亚东南盆地分布着 7 640.5 km² 的 1 300 ft 厚页岩层,并且这些页岩气层距离地面 6 560~9 840 ft,据估计,安纳托利亚东南盆地蕴含可开采页岩气约 9×10^{12} m³。色雷斯盆地分布着 1 593 km³ 的页岩层,这些页岩气层距离地面 820~16 400 ft,估计色雷斯盆地蕴含可开采页岩气约 6×10^{12} m³。

2011年,加拿大的大西洋石油公司最早在色雷斯盆地的西部地区进行页岩气的开采作业。大西洋石油公司发布了一个实验水力压力的开采计划,并且在2012年8月前完成了10次钻井。该公司成功开采出页岩气,但同时指出,较深的岩层地下水的渗透率很高,很容易形成内涝。安纳托利亚盆地页岩气的开采作业主要由土耳其石油公司进行,土耳其石油公司在国际上积极地寻找合作伙伴共同开发安纳托利亚盆地的页岩气。2012 年 9 月,土耳其石油公司与荷兰的壳牌石油公司达成协议,计划在该年 11 月共同对土耳其东南部 Saribugday 气田进行页岩气勘探。除了土耳其石油公司以外,安纳托利亚能源公司也在安纳托利亚盆地进行页岩气的勘探与开采工作,但是结果不尽如人意。除了在安纳托利亚盆地进行页岩气的开采以外,安纳托利亚能源公司也在色雷斯盆地进行页岩气的勘探工作,截至 2012 上半年,安纳托利亚能源公司已经在色雷斯盆地建立了 20 座水力压裂钻井平台。

二、 乌克兰的页岩气开发动态

在欧洲除了波兰与英国以外,乌克兰开发页岩气的积极性也非常高。在乌克兰,天然气不仅仅是一个经济问题,更是一个政治与社会问题。乌克兰 60% 以上的天然气从俄罗斯进口,近年来伴随着俄罗斯对乌克兰天然气出口价格的提高以及俄罗斯几次对乌克兰停止天然气供应事件的发生,乌克兰政府意识到,摆脱对俄罗斯的天然气依赖对于维护国家稳定具有重要意义。

2014 年 5 月 19 日,乌克兰总统候选人 Oleh Liahsko 通过电视发表演说,指出在过去的 23 年中乌克兰一直依赖俄罗斯的天然气,而页岩气的开发很可能使乌克兰摆脱俄罗斯的能源与政治控制。

根据国际能源署 2011 年 4 月的预测,乌克兰技术可采的页岩气储量约为 1.2×10^{12} m³,在整个欧洲排名第四,仅在波兰、法国、挪威之后。2012 年乌克兰石油天然气公司也对乌克兰的页岩气储量进行估计,发现乌克兰页岩气储量约为 25.972×10^{12} m³ [图 7-2(a)],其中技术可采的页岩气储量约为 12×10^{12} m³,并且大部分可采页岩气分布在乌克兰的东部地区[图 7-2(b)]。

尽管乌克兰政府对于页岩气开发的热情很高,并且鼓励国际上的大企业到乌克兰投资,但是一系列的因素导致国外的公司不愿意到乌克兰开发页岩气,如认为乌克兰基础设施较为落后、政府腐败严重以及天然气出口限制等。

2012 年 5 月,乌克兰政府发布两项页岩气的开采许可,允许雪弗龙公司在 Oleska

图7-2 乌克兰页岩气储量分布（单位：10^9 m^3）

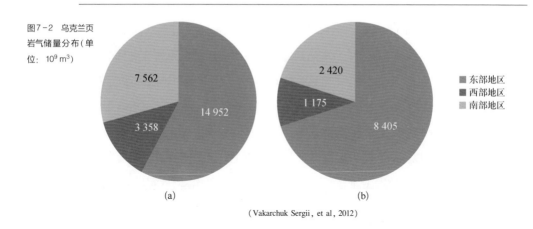

（Vakarchuk Sergii, et al, 2012）

油田开采页岩气,允许壳牌公司在 Yuzivska 油田开发页岩气（表7-2）。乌克兰能源部长斯特拉文斯基指出,2017 年乌克兰可以实现页岩气的商业生产,仅仅在 Yuzivska 油田就会有 3 000 个油气井被钻出。乌克兰能源部的一位副部长也指出,在以后会发放更多的页岩气开采许可,当然具体细节还要讨论,但是有一点可以肯定,这些开采许可将会集中在 Yuzivska 油田的北部地区。

表7-2 乌克兰 Oleska 油气田与 Yuzivska 油气田开采许可的细节

油气田名称	中标企业	面积/km^2	最小投资/美元		预计可采储量/(10^{12} m^3)
			开采阶段	生产阶段	
Oleska	雪弗龙公司	6 324	163 mn	3.125 bn	0.8~1.5
Yuzivska	壳牌公司	7 886	200 mn	1.875 bn	2.0

注：bn、mn 均为计量单位。
（A Tallents, 2012）

三、 页岩气发展对欧洲地区能源市场的影响

在前面的分析中,我们简单介绍了页岩气发展对俄罗斯的影响,下面看一下页岩气发展是如何影响到欧洲其他地区的。

1. 页岩气发展通过对世界油气市场的变化影响到欧洲市场

与全球统一的石油市场不同,世界天然气市场可以根据区域划分为三大分市场:北美市场、亚洲市场、欧洲市场。天然气高额的运输成本使这三个天然气交易市场的价格与输送类型存在差异。亨利中心价格(Henry Hub)影响北美市场的天然气交易,英国石油公司的天然气价格(NBP)主要影响欧洲市场天然气交易,JCC 价格[①]影响亚洲地区天然气交易。从天然气输送类型来看,Henry Hub 价格和 NBP 价格主要标的为干气交易,JCC 价格以标的液化天然气(LNG)交易为主。自美国页岩气革命爆发以来,美国的天然气价格趋势发生显著变化。从图 7−3 可以看出,2006 年以前,三大天然气市场的价格变化存在差异较小,并且变化趋势基本相同,然而在 2006 年以后,亚洲市场与欧洲市场的天然气价格呈现上升的态势,北美市场的天然气价格却呈现下降的态势,Henry Hub 价格由 2006 年的 6.67 美元/百万英热单位下降到 2011 年的 4.35 美元/百万英热单位,北美市场与其他两个市场的天然气价格差异不断扩大。

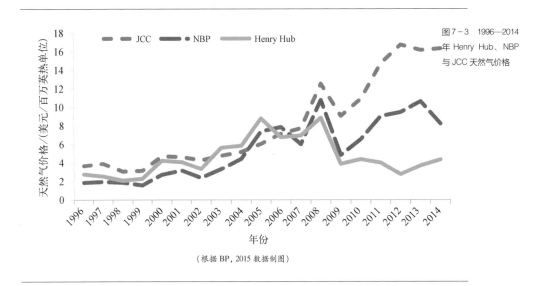

图 7−3　1996—2014 年 Henry Hub、NBP 与 JCC 天然气价格

(根据 BP, 2015 数据制图)

美国页岩气产量的急剧上升,引发北美天然气价格的跳水,对全球的天然气市场带来巨大的冲击。第一,在美国的刺激下,欧洲、非洲、南美洲以及东亚的部分国家纷

---

① "JCC 价格"为东北亚采用与日本入口原油加权平均价格。

纷开始进行页岩气的勘探与开采,全球形成了一个"页岩气热",一些国家进行页岩气的商业生产,增加了全球的天然气供给。第二,美国从加拿大进口的管道天然气开始减少,到2013年已经减少了28%,使得加拿大天然气产能严重过剩,加拿大的天然气生产商正在全球范围内为其过剩产能寻找买家。第三,美国页岩气革命的爆发还会影响北美地区液化天然气的进口。由于当前美国的天然气市场是供过于求的买方市场,美国进口的液化天然气逐步减少,这迫使一些中亚与北非的LNG出口商将出口目的地从北美转向欧洲和亚太市场。预计今后将有更多的液化天然气进入欧洲和亚太地区,从而使这两个地区现货价格降低,并且欧洲市场天然气的长期合同也会发生变化。第四,随着美国天然气产量的进一步提升,美国很可能成为天然气的净出口国,到时会有更多的天然气进入世界市场,考虑到北美天然气价格与其他地区天然气价格的巨大差异,以及如果技术进步可以大大降低天然气的运输成本,不同地区天然气价格迥异的状况将会不断减少,如同石油贸易一样,天然气贸易也将形成全球统一大市场。目前,美国切尼尔能源公司已经同韩国、印度、日本、英国、西班牙签署了液化天然气的长期出口合同,并且切尼尔能源公司的天然气出口价格与北美天然气价格挂钩,一旦美国在建的液化天然气的出口终端全部完成,美国液化天然气会比现在提高30%。

页岩气的发展除了会对天然气市场产生深刻影响以外,还会对国际石油市场产生巨大冲击。作为石油的一种替代能源,天然气有着巨大的价格优势。以美国的石油和天然气价格为例,产生单位能量的石油价格是天然气价格的3倍左右(王龙林,2014)。尽管短期内石油仍是电力等传统行业使用的主要能源,但是随着全球范围内页岩气的发展,各国会纷纷采用更为低廉的天然气,最终使得石油在众多行业中被天然气所取代,石油的需求量下降。这必然使得产油国的财政收入下降,其在国际上的政治影响也会被削弱。

2. 页岩气发展对世界能源政治的影响

首先,俄罗斯在欧洲天然气市场的利益受到威胁,战略重心东移。俄罗斯作为一个能源大国,不仅仅将石油、天然气作为提高国家税收、促进经济增长的资源,还把能源作为一种战略武器推行能源外交,来贯彻国家意志,维护国家利益。2006年以来,俄罗斯对乌克兰实施的四次"断气"惩罚,使西欧的部分国家尝尽了苦头。页岩气迅速发展以后,俄罗斯在国际能源市场特别是欧洲能源市场的利益受到严重威胁。一方面,以前出口到美国市场的液化天然气开始进入欧洲市场,欧洲国家开始要求放弃长期合同,建立一种开放且竞争的定价机制。例如,立陶宛目前正在建造一个液化天然气进口终端,该终端将通过引进来自卡塔尔等国家的液化天然气,满足三个波罗的海国家约75%的天然气需求。另一方面,波兰、英国、乌克兰等欧洲国家开采本土的页岩气,会逐步增强欧洲天然气的自给能力。这两方面的原因使得俄罗斯与欧洲的能源关系发生变化,欧洲对俄罗斯天然气的依赖度降低。根据美国莱斯大学贝克研究所的预测,2040年俄罗斯在西欧天然气市场所占的份额将从2009年的27%降至13%。俄欧能源依赖关系的变化,将改变俄罗斯-欧洲之间力量的平衡,削弱俄罗斯对欧洲的影响。但是考虑到欧洲国家内部天然气的开发还刚刚起步,以及进入欧洲的液化天然气数量仍然较少,短时间内,俄欧能源依赖关系还难以发生实质性的变化。

由于俄罗斯经济对能源出口依赖很大,页岩气的发展将显著减少欧洲对俄罗斯的天然气进口,俄罗斯通过向欧洲出口天然气拉动经济增长的思路变的不可行。相比之下,亚太地区经济发展速度相对较快,中、日、韩三国存在较大的能源需求。在这样的形势下,俄罗斯必然加快战略重心东移速度,以促进油气资源的出口。

其次,美国的霸权地位得到巩固。美国页岩气的发展使得美国在国际上的霸权地位得到巩固,主要表现为两个方面。一是能源可能成为美国推行全球霸权的重要武器。一直以来,美国的能源战略包含两个目标,一是保障国内能源供应安全;二是谋求全球霸权。历史上,美国曾经两次利用能源作为武器达到了其政治目的。第一次是1941年对日本实行石油禁运,加速了日本的战败。第二次是1986年与沙特合作压低石油价格并阻止欧洲对苏联石油的进口,使苏联经济雪上加霜,加快了苏联解体。页岩气的发展使美国能源安全得到保障,进而为其实现全球霸权的目标腾出了更大的空间。2011年11月在国务卿希拉里领导下,国务院成立了一个能源资源局,负责制定美国的国际能源政策,并且要与军事部署、外交政策相结合,以打造全新的一体化战略,服务于美国的国家战略。

第三,中东地区的能源地位下降,美国在处理中东事务上有更大的灵活度。长期以来,中东地区一直是世界能源版图的核心地带,伊朗与沙特阿拉伯等国家是国际油气资源的重要供应者。页岩气的发展使得伊朗与沙特阿拉伯等国家油气资源在国际市场需要与廉价的页岩气进行竞争,预期收益下降,前景不容乐观。页岩气革命爆发以前,美国为了维护其能源安全,通过发动战争等手段对中东地区进行渗透和控制,使其从中东国家进口了大量廉价原油。页岩气革命的扩展,全球将形成"东西两极能源格局",即以中东为核心的东半球常规油气能源中心和以美洲为核心的西半球非常规油气资源中心(李扬,2012)。美国对中东国家的石油依赖开始减少,来自中东的进口原油已经由 1977 年的 27.9% 下降到 2010 年的 14.9%。这使得美国在处理中东问题时可以较少的考虑产油国的束缚,进而有着更大的政策灵活度。近年来美国大规模从中东撤军也从侧面反映了这一问题。

本章小结

本章对欧洲的非欧盟国家页岩气发展动态进行了研究。首先,介绍了俄罗斯对于页岩气发展的基本态度,总结了俄罗斯为了应对页岩气的发展采取的措施,发现美国页岩气革命的爆发以及部分欧洲国家积极发展页岩气,使俄罗斯在欧洲天然气市场的垄断地位受到挑战,俄罗斯开始将油气战略重心东移,并加快与东北亚地区国家的油气合作。此外,俄罗斯还调整与欧洲地区的天然气供应价格、进行大规模的干线管道建设以及加大东西伯利亚地区油气勘探力度。其次,本章也考察了非欧盟地区特别是土耳其和乌克兰的页岩气开发现状。最后,研究了页岩气发展除了对天然气市场与石油市场产生深刻的影响以外,还对世界能源政治格局产生了重要的冲击,俄罗斯与中东地区在世界能源版图的地位受到挑战,而美国的霸权地位得到巩固。

第四篇

拉丁美洲地区页岩气发展战略研究

第八章

拉丁美洲地区的
页岩气发展战略

拉丁美洲地区页岩气资源丰富,根据美国能源情报署的评估,该地区的页岩气资源约 29.65×10^{12} m³,占世界页岩气资源的 13.43%(不含墨西哥,下同)。在美国页岩气革命浪潮的冲击下,该地区一些国家希望开发本地的这一资源。

第一节　　拉丁美洲地区的页岩气资源

根据 2013 年 6 月美国能源情报署的评估,全球页岩气地质储量约为 $1\,013 \times 10^{12}$ m³,技术可开采储量为 220.69×10^{12} m³,分布于北美、东亚、南美、北非和澳大利亚等地区。

在拉美地区,阿根廷和巴西是主要的页岩气资源分布地,分别位列全球页岩气技术可采储量前十国家中的第二位和第十位(图 8 - 1),特别是阿根廷,技术可开采储量仅次于中国,成为世界能源巨头争相投资的热土。拉丁美洲除了阿根廷和巴西外,委内瑞拉、巴拉圭、哥伦比亚、智利、玻利维亚以及乌拉圭都有一定的页岩气储量(表 8 - 1),特别是委内瑞拉的技术可采储量达 245×10^{11} ft³,有很广阔的开发前景。另外,智利因

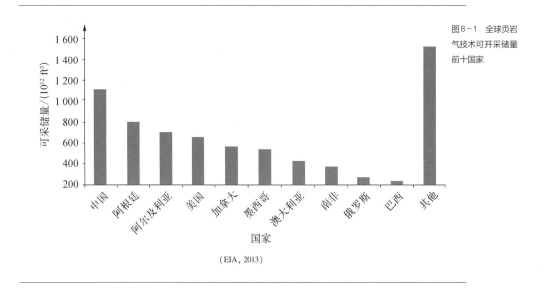

图 8-1　全球页岩气技术可开采储量前十国家

(EIA, 2013)

表 8-1 拉丁美洲
页岩气储量 单
位: 10^{11} ft³

储藏量国家	风险气藏量①	技术可开采储量②	储藏量国家	风险气藏量	技术可开采储量
阿根廷	3 234	802	哥伦比亚	308	55
巴　西	1 279	245	智　利	228	48
委内瑞拉	815	167	玻利维亚	154	36
巴拉圭	350	75	乌拉圭	13	2

（EIA，2013）

未发现足以支撑其经济发展的能源而需要大量进口油气资源,但近期的勘探表明,其页岩气储量也比较丰富,这将使智利减少对外的能源依赖。其中,阿根廷拥有的页岩气资源位列全球第二,技术可开采储量达 802×10^{12} ft³。并且,其页岩油储量也很可观,技术可开采储量达 270 亿桶,排全球第四。该国丰富的页岩油气资源吸引了大量外来投资和合作,已经有雷普索尔、雪佛龙、陶氏化学以及中海油先后投资了阿根廷页岩油气的开发。

巴西是拉丁美洲地区除阿根廷和墨西哥之外的第三大页岩气资源国,技术可开采储量达 245×10^{12} ft³。其页岩气主要分布于巴拉那(Parana)、索利默伊斯(Solimoes)和亚马孙(Amazonas)盆地,由于这些盆地本来就是油气生产区,因而页岩气开采具备良好的基础设施条件。但巴西境内的巴拉那盆地的钻井成本很高,且地震勘测困难,这使得巴西页岩油气的开采前景不太明朗。因此,至今巴西的页岩气开发还未起步,远远落后于阿根廷。

国际能源署(IEA)报告只对委内瑞拉西部的马拉开波(Maracaibo)盆地作了评估,其东部的页岩气潜力尚不详。

总之,拉丁美洲的页岩气资源很丰富,多个国家都拥有可观的技术可开采储量。但就整体而言,现阶段开发相对滞后。

---

① 风险气藏量是定性评估值。首先对盆地内勘探区地下赋存气体资源量进行初估,将初估按专家判断及对资源的现有认识水平、技术水平再次分级评估,最终得出的评估值,称之为风险气藏量。

② 技术可采储量是对总资源量中将来有望采出气量的资源定量评估量度——风险气藏量乘以页岩气采收率的结果。

第二节　　页岩气革命的冲击与拉丁美洲的民族主义政策

发端于美国的页岩气革命正在重塑世界能源格局,由于地缘、产业以及经贸关系的缘故,拉丁美洲首当其冲地受到页岩革命的影响。

一、 美国页岩气革命对拉美的影响

根据国际能源署发布的数据,2005 年美国能源需求的 60% 依靠进口,但到 2013年,美国能源自给率已经达到 72% ,美国从拉丁美洲的石油进口减少。2011 年巴西对美国的石油出口为 87 亿美元,2013 年下降至 34 亿美元。2009 年委内瑞拉对美国石油日均出口 122 万桶,占其总出口量的 50% ,但到 2013 年对美国石油日出口仅有 80 万桶,为 25 年来的最低水平。

另一方面,在拉丁美洲对美国石油出口减少的同时,这些国家增加了从美国进口天然气的数量。这是因为拉美国家的石油加工能力较弱,其成品油主要靠从美国进口。这一失衡会随着美国页岩开采步伐的加快而进一步加重。这对以能源出口为经济支柱的拉美国家而言,无疑是一个巨大冲击,拉美国家需要对页岩气革命作出应对。

二、 拉美的民族主义思潮

上文谈到阿根廷和巴西等国拥有丰富的页岩气资源,但开发缺乏足够的资金,拉美国家本可以通过引入外来投资与加强合作来解决资金不足问题,但是当地民族主义倾向使得该地区页岩气引资和开采很不顺利。以能源出口为经济支柱的拉美国家存在资源民族主义倾向,一方面资源价格,特别是石油和天然气等资源价格持续上涨,助长了将能源国有化的动机;另一方面,当政者也不愿面对向外来资本出卖国家财富的指控和攻击,而保持可持续发展也是资源国家所需要面对的现实课题。资源国家通常

从勘探和生产的准入条件、开发与生产的速度、国内价格措施以及出口准许条件等方面对油气储备进行控制。从 2001 年起,拉美地区掀起新一轮资源民族主义思潮,对能源政策进行调整,加强了国家对油气资源的控制权。其中,委内瑞拉、厄瓜多尔和玻利维亚三国的能源国有化调整幅度较大,对私营企业和外国企业的进入强加了许多新的条款。

资源民族主义倾向导致投资政策的不稳定,一个典型案例就是阿根廷。雷普索尔-YPF 公司是一家油气化工公司,该公司是在西班牙雷普索尔公司并购阿根廷 YPF 公司的基础上组建而成的,世界排名第八位。2012 年 4 月 16 日,阿根廷政府对本国的雷普索尔- YPF 宣布实施国有化政策,将其 51% 的股份强行收归国有。该国国会不顾西班牙政府的强烈谴责和欧美国家的普遍批评,5 月通过了 YFP 国有化议案,总统斯蒂娜签署法令,西班牙雷普索尔公司在雷普索尔- YPF 中的 9656 万股股份被强制转让给阿根廷政府,使其所持股份从 0.02% 提高到 50.11% ,公司名称恢复为"YPF"。至此,阿根廷的石油资源重新纳入政府控制之中。

智利有较成熟的经济管理体制,对商业活动干预较少,但在能源领域却缺乏连贯的规划与明确的政策工具,所以其能源一直未得到有效的生产与使用。秘鲁也只是最近几年才有所突破。

三、 拉美部分国家的能源开放政策

相对而言,巴西和哥伦比亚已经较为成功地调整了能源政策,能源领域在一定程度上对外开放,能源政策保持较长时期的稳定。2013 年 10 月 21 日,巴西政府对其最大的盐下层石油区块——巴西东南部里约州外海桑托斯盆地的里贝拉区块进行竞拍,包括两家中国公司的参股联合体赢得此次竞标。该参股联合体由巴西国家石油公司、荷兰皇家壳牌石油公司巴西分公司、法国道达尔石油公司、中国海洋石油有限公司及中国石油天然气集团公司五家公司组成,在联合体中的股权分别为40% 、20% 、20% 、10% 、10% 。这充分显示出巴西在开发本国能源中有较高的开放度和国际参与度。

国际能源署的能源发展指数 EDI(从家庭和社区层面衡量一国能源开发利用程度)显示出萨尔瓦多、阿根廷、乌拉圭等拉美国家近几年在能源利用上有着良好的改善。

总之,拉美国家需要在页岩革命的冲击和民族主义倾向之间找到一个政策平衡点。

第三节   拉丁美洲地区页岩气开发中面临的主要问题

短短几年来,全球石化市场的格局已发生重大变化,特别是美国页岩革命的成功影响了全球的石化产业链,对拉美地区的冲击和影响是巨大和深远的。拉美国家当前最为关键的问题是如何才能快速作出反应,开发相对丰富的页岩气资源,提升本地区石化企业的竞争力。然而,与美国页岩气开发相比,拉美地区的页岩气开发才刚刚起步。虽然拉美地区油气资源丰富,但开发速度远远赶不上需求增长的速度。比如墨西哥,尽管拥有全球第四大页岩气储藏,但迄今为止没有成功钻探页岩气生产井。分析拉美地区页岩气开发缓慢的原因,主要受以下几个因素的制约。

一、 页岩气勘探进展不明朗

巴西境内的 Parana 盆地虽然页岩气资源丰富,但钻井成本很高,且勘测困难,这就使得页岩气勘探进展缓慢且前景很不明朗。这也是巴西页岩气开发远远落后于阿根廷的一个重要原因。

二、 潜在的社会抵制力量增加未来页岩气开发的不确定性

页岩气的开发必然涉及原住民问题和环境问题,这就给页岩气的开发增加了

潜在的不确定性,也给今后的外来公司造成潜在的困扰。比如,秘鲁曾多次发生印第安人抵制油气开发的暴力冲突事件,使得亚马孙地区的油气项目推进困难;厄瓜多尔也曾发生印第安人与政府之间就亚马孙地区的石油勘探与开发的暴力冲突;厄瓜多尔的印第安人起诉雪佛龙石油公司的环境污染赔偿案至今尚未结案。虽然巴西的能源政策理事会(CNPE)于2013年8月授权石油和天然监管者ANP进行该国的第12轮竞标,但迄今为止没有商业化的页岩气生产。巴西的环保人士对页岩气潜在的对环境的损害表示担忧,除了解决环境问题外,开发商还需要满足当地的要求。前事不忘后事之师,这是外来资本进入拉美地区开发页岩气所必须面对的现实问题。

三、 拉美国家的政策不明朗

如前所述,拉美地区长期普遍性的存在资源的民族主义倾向,阿根廷政府强制从雷普索尔公司手里重新回购YPF股份事件,是一个典型的国有化事件,这自然对阿根廷甚至拉美地区的页岩气的投资开发蒙上了一层阴影。因而,虽然拉美国家坐拥丰富的页岩气资源,但由于缺乏美国清晰的矿业权和成熟的矿业权交易市场,使得潜在优势难以在短期内迅速转化为石化产业上的竞争力。反观美国,不仅有清晰的产权保护,还有着强有力的政策支持。20世纪70年代起,美国联邦及各州政府就实施了一系列鼓励替代能源发展的税收扶持和补贴政策,这在客观上激励了美国非常规天然气勘探和开发。在美国页岩气开发初期,美国政府对页岩气的开发采取较为宽松的环保监管;随着开采规模的扩大,监管才逐步趋严。美国页岩气开发很关键的一点是,美国政府通过修改法律取消了"哈里伯顿漏洞"①,同时要求在水力压裂中充分披露所用化学增强剂情况以进行评估其地下水的影响等。反观拉美地区,普遍没有明朗的政策支持和宽松的监管环境,更不要说政策的持续性和一贯性。

---

① 将水力压裂从《安全饮用水法》中免除,解除环境保护局对这一过程的监管权力,让水力压裂技术很快应用起来,该免除条款被称为"哈里伯顿漏洞"。

四、 经济可行性约束

页岩气开采的经济可行性主要取决于钻井成本、矿井生命周期内平均页岩气产量与页岩气价格,还有采集和管道等辅助设施,充足的水源也至关重要。阿根廷页岩气的开发是复杂的、成本高昂的,因为需要大量投资来开发矿井,需要掌握水力压裂能力的技术人员,需要处理废水和保护水源,还要进行物流、运输和基础设施建设。更不要说有通货膨胀、汇率限制和监管的不确定性,这些都注定阿根廷的页岩气开发道路不会一帆风顺。而巴西不仅面临页岩气资源不确定性的问题,还需要克服开采的技术挑战,这意味着短期内巴西的页岩气资源不可能得到实质性的开发。

总之,以上各类问题特别是潜在的社会抵制力量与资源民族主义倾向,使得拉丁美洲国家至今还没有一个清晰的和政策连贯的发展战略。

第四节　　拉丁美洲地区页岩气开发与合作现状

受页岩气革命和美国需求减少的影响,拉美国家在能源经济方面正在调整他们的贸易出口,将中国、日本、印度、韩国等为代表的亚洲市场作为重点开发的石油消费市场。另一方面,拉美国家开始寻求合作和吸引更多外资来提升石油开采、加工的能力,包括页岩气的合作开发。

一、 与美国的能源合作

虽然拉美国家的页岩气开发面临很多问题,但页岩气革命对拉美地区的冲击、近些年世界经济的不景气对拉美国家经济发展的影响,逼迫拉美国家作出应对和变革。借鉴、学习美国、澳大利亚等国家的经验,积极引进技术和资本,多方面开展国际合作,加快本地区的页岩气开发,成为拉美国家的选择,拉美国家页岩气开发与合作已经取得一定进展。

比如,阿根廷与美国谋求合作与开发。2012 年阿根廷政府对 YPF 实行国有化改造后,由于投资不足,阿根廷一度成为油气净进口国,政府在每年能源进口方面花费数十亿美元,进而造成外汇短缺,无力进口其他所需商品和物资,也无力还债。马克里(Mauricio Macri)总统上台后即着手改革经济政策,力图多吸引外资,振兴阿根廷经济。2013 年 3 月,阿根廷国有企业 YPF 与美国陶氏化学(Dow Chemical)阿根廷子公司签署了一项初步协议,旨在共同开发 Vaca Muerta 页岩区块。这是阿根廷首个页岩气开发项目,也是 YPF 被收归国有以来第一笔有价值的交易。Vaca Muerta 是全球最大的页岩资产之一,估计储量达 230 亿桶油当量,YPF 拥有该资产约 40% 的开采特许权。

事实上,之前 YPF 已与美国雪佛龙公司、阿根廷本土油气公司 Bridas 讨论过相关合作问题,雪佛龙承诺投资 10 亿美元,Bridas 计划出资 15 亿美元,但受雪佛龙厄瓜多尔污染案的影响,这一合作计划或将面临流产。究其原因,在于雪佛龙在厄瓜多尔几乎没有资产,于是原告在外国提起了诉讼。2012 年 11 月,阿根廷法庭冻结了雪佛龙在阿根廷约 190 亿美元的资产,有效地阻止了雪佛龙在阿根廷的进一步投资,冻结的资产包括雪佛龙阿根廷子公司、一家石油管道公司的股票以及雪佛龙在阿根廷约 40% 的石油营收。

2013 年 9 月,陶氏化学就与阿根廷国有 YPF 公司合作在 ElOrejano 区块开发了第一个页岩气试生产项目,计划第一年投资 1.88 亿美元,在 Lajas、SierrasBlancas 和 VacaMuerta 地区钻探 12 口页岩气勘探井。

2014 年 5 月,阿根廷国有油气公司 YPF 表示,已经在位于内乌肯省 Vaca Muerta 巨型油气田东南方向 1 000 多公里处首次探得页岩气。

2015 年底,陶氏化学与 YPF 宣布将在 2016 年投资 5 亿美元合作开发阿根廷页岩气。此前双方已经投入了 3.5 亿美元成立了合资的页岩气开发公司,未来几年的投资额预计达 25 亿美元。该合资公司目前是阿根廷国内领先的页岩气生产商,在页岩油气富集的纽奎恩省(Neuquen)瓦卡姆塔(Vaca Muerta)开钻 19 口页岩气井,产量已达 $75 \times 10^4 \ m^3/d$。2016 年计划开钻 30 口新井,产量增至 $200 \times 10^4 \ m^3/d$,未来几年总井数将超过 180 口。YPF 的首席执行官米格尔-加卢乔在阿根廷油气博览会上表示,公司计划在 2020 年前实现 50% 天然气来自页岩气。

另外,此前搁浅的雪佛龙与 YPF 的合作项目,也已经重新启动,至今已投资 35 亿美元,并表示在 2030 年前继续投入 160 亿美元开发本地页岩气资源。

二、 与中国的能源合作

能源是扩大中拉合作机会的最大领域。中国在能源上一直积极推行多元策略,参与拉美地区非常规油气的开发也是中国能源布局中的重要一环。

中国和阿根廷的油气合作开发更早,因此也较快的介入了阿根廷的页岩气开发。2009 年中国石油、中国海油收购雷普索尔 YPF 公司在阿根廷的油气资产。2010 年中国石化国勘公司以 24.5 亿美元收购 OXY 阿根廷子公司及其关联公司(目前已是阿根廷第四大油气生产商)。同年,中国海油出资 31 亿美元与阿根廷布利达斯石油公司合作成立合资公司,欲投资 5 亿美元开发瓦卡姆尔塔的页岩区块。

为应对经济和能源困局,拉美国家近年来也在逐步放松管制,引入竞争以获取外来资本投入和提高生产效率。2013 年 10 月,中国海油、中国石油与巴西国家石油签署为期 35 年的利布拉油田开采产量分成合同。同月,中国石油旗下中油勘探控股公司及中油勘探国际控股公司与巴西国家石油公司国际(荷兰)公司及巴西国家石油公司国际(西班牙)公司签订收购协议,收购巴西能源秘鲁公司全部股份。

2014 年中国国家主席习近平一行出访拉美四国,油气开发是双方能源合作交流的重要一项。2015 年李克强总理也出访拉美,双方高层的频繁交流进一步推动中国企业参与拉美页岩气的开发。

三、 与俄罗斯等国的能源合作

阿根廷卡穆埃尔塔页岩层是世界上最大的页岩油气田之一,估计有 228 亿桶油当量的储量。俄罗斯一直寻求机会参与拉美页岩气的开发。2014 年 7 月,俄罗斯总统普京出访巴西期间,俄罗斯石油公司与巴西国家石油公司签署了一项旨在寻求出售巴西亚马孙雨林天然气的协议。近年来,俄罗斯一直致力于深化同古巴、委内瑞拉、尼加拉瓜、阿根廷和巴西之间的关系,欲通过战略伙伴关系积极参与拉美油气的开采。

日本也在积极寻求拉美油气的开发合作。2014 年 8 月,安倍晋三出访巴西期间,与巴西总统罗塞夫进行会晤,着重探讨双方在能源及基础设施建设等方面的合作,并强调将加强深海油田开发合作。

此外,拉美内部的页岩气开发合作也在进展中。如 2014 年 5 月 22 日,委内瑞拉和巴西合资启动了位于委内瑞拉境内的首个页岩气勘探项目。

总之,经济困局使得拉美国家加速放开页岩气开发管制,拉美页岩气开发开始走上正轨。其中,美国在拉美页岩气开发中拔得头筹,中国,俄罗斯、日本等大国也紧随其后,积极寻求拉美页岩的开发合作。

本章小结

综上所述,拉丁美洲的页岩气资源是非常丰富的,特别是阿根廷的页岩气技术可开采储量相当可观,开发的经济可行性强,因而成为最先引入外资者和最先进行页岩气开发的拉美国家。虽然拉丁美洲国家的页岩气发展战略还不太清晰,但随着拉美国家逐步放松能源管制,美、中、俄、日等大国的介入,势必会产生更多的页岩气开发项目。总体而言,拉美地区的页岩气开发前景是良好的。

第五篇

亚太地区页岩气
发展战略研究

第九章

东、南亚及澳洲地区国家页岩气开发状况

亚太地区页岩气资源储藏量十分丰富,但分布不一。除中国外,澳大利亚储量最为丰富,其他国家如印度、巴基斯坦、印度尼西亚也有一定储量。东亚的韩国、日本却几乎看不到页岩气的痕迹。下面就对日本、韩国、澳大利亚、印度尼西亚、印度、巴基斯坦等东亚、澳洲、南亚国家,从常规能源开发利用情况、页岩气勘探开采、页岩气的国际合作、页岩气开发合作中的问题等几方面进行考察。

分析这些国家大体可以分为四类:第一类是韩国和日本,他们经济发达但油气资源不足;第二类是印度和巴基斯坦,他们是发展中大国或中等发展中国家,经济正在发展,但国内能源不富裕,页岩气探明的储量也不是很可观;第三类是澳大利亚,既是发达国家,又是能源生产与出口国家,并且页岩气储量也极为丰富;第四类是印度尼西亚,曾是石油输出国组织成员、能源出口国,但近几年能源资源减少,借助页岩气的开发时机欲恢复能源出口国地位,经济发展水平略好于印巴两国。

第一节　　日本

根据美国能源信息署 2013 年对 42 个国家的研究数据,世界页岩气技术可采资源量为 203.97×10^{12} m^3。2014 年增加了 4 个国家的页岩气探测可开采量,总的开采量为 214.53×10^{12} m^3。亚太地区五个页岩气大国为中国、澳大利亚、印度、巴基斯坦、印度尼西亚,可开采量分别为 31.57×10^{12} m^3、12.37×10^{12} m^3、2.72×10^{12} m^3、2.97×10^{12} m^3、1.3×10^{12} m^3(图 9 - 1)。但日本则是一个资源特别是能源严重匮乏的国家,因此节能开源是其长期的能源政策。

一、 日本能源转型中面临的问题

作为岛国的日本能源匮乏,第二次世界大战后,日本依赖中东廉价的石油,经济得以恢复并持续增长,并且先后超越了英法德,更是在 1981 年超越了苏联,成为仅次于美

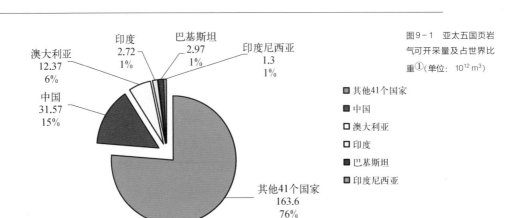

图9-1 亚太五国页岩气可开采量及占世界比重①(单位: $10^{12}\,m^3$)

国的世界第二大经济体。历史的转折出现在两次中东"石油危机"之后,严重依赖能源进口的日本经济开始增长趋缓。从 1978 年开始,日本 GDP 的名义增长率结束了战后1955 年有统计数据以来的两位数字增长,变为个位数,而且持续走低。石油供应的脆弱性加上国内能源的匮乏促使日本逐步走上石油来源多元化、能源替代多样化、大力开展节能运动等化解能源问题的多项并举的路径。除了常规能源外,日本极为看重核电,视核电为清洁能源,认为核能可以提高能源自给率。

2011 年日本福岛核电站发生事故,使得轻污染、低能耗为特点的日本能源应用再次面临危机。以核电占日本电力生产比例来看,核电量最高年份 2005 年的生产占日本电力生产的30.8%,2011 年骤降到 10.7%,2013 年进一步下降到 1%。使得原本倚重核能的日本,不得不再次调整能源使用方向。

福岛核事故之后,日本增加了石油、煤炭、天然气的进口,替代停止运转的核电能源。由于作为化石燃料的煤炭和石油用量增加,导致日本的温室气体排放增加,带来了环境压力。天然气相对煤炭、石油而言是清洁能源,注重环保的日本自然会更加倚重天然气。从近几年的数据看,在一次能源消费中比重变化最大的是液化天然气,2010 年达到19.2%。福岛核电事故之后,2012 年液化天然气比重上升到23%。日本的进口液化天气价格明显高于中东出口到欧美的价格。

① 根据 EIA 数据制图。

页岩气革命给日本带来了一丝曙光,页岩气对于偏好液化天然气的日本很有诱惑力。美国的石油公司开发出水力压裂技术,使商业化开采成为可能,页岩气也成了可供选择的能源产品。但资源贫乏的日本并未因此改变自身能源短缺的窘境,正如其他能源储量贫乏一样,日本页岩气储量同样少得可怜,专家们认为:"日本的地质年代比较新,页岩气的商业化生产几乎不可期待","日本不具备页岩油、页岩气的自然禀赋"(张季风,2015)。虽然日本的页岩气储量极低,但发生在美国的页岩气革命还是给日本带来了积极影响:第一,页岩气革命带来了世界能源价格的下降;第二,日本积极利用自己的资金和技术开展对外页岩气的合作开发。

二、 日本与北美的页岩气合作

美国页岩气储量极为丰富,且实现了商业开采,使得美国对外部能源依赖大大减弱,随着开采量的增加,美国正在朝着由能源进口国向能源出口国方向转变。页岩气革命直接影响到液化天然气价格,进一步影响到石油价格。实际上石油价格已经从2014年下半年的100美元/桶下降到2016年的50美元/桶,这对严重依赖外来能源的日本是一个福音。美国与加拿大探明页岩气储量已经占到全世界探明储量的17%,巨大的储量也将吸引外来投资。

日本政府与企业希望从北美页岩气革命中分得一杯羹。东京基金会资源和能源领域研究员平沼(Hikaru Hiranuma)认为,日本政府似乎缺乏针对资源的长期战略,他说:"如果日本政府从20世纪70年代在美国刚开始发展页岩气时就参与相关的技术开发工作,或许可能在页岩气的进口方面会比现在更加顺畅。但日本当时也没有想到,页岩气有可能实现大规模经济开采。"[1]

日本页岩气储量奇缺并不代表日本不参与页岩气开发,在页岩气革命之后对能源极度渴求的日本企业积极参与北美的页岩气开发。2011年三菱商事主导了加拿大不列颠哥伦比亚省科尔多瓦堆积盆地的页岩气开发计划,住友商社也积极参与北美页岩

---

[1] 美国页岩气改变日本能源计划. 新华网,2013 - 05 - 29.

气合作项目。2012 年 2 月,日本三菱商事已与加拿大能源巨头尼克森(nexen)就收购不列颠哥伦比亚省页岩气田的 4 成权益达成协议,包括约 14.5 亿美元的收购费用以及今后 5 年的开发费用在内,三菱商事总投资额将达到 60 亿美元。该页岩气田面积约 1 650 km^2,可开采储量约达 1×10^{12} m^3,相当于日本全国年消费量的 9 倍,最早于 2013 年开始投产,今后 5 年内计划使钻井数量达到 600 口以上,10 年内实现日产 $8 500 \times 10^4$ m^{3}的目标。

同时,日本的能源融资部门与金融机构也参与到页岩气开发中。海外能源支持体系的日本石油天然气——金属矿物资源机构(JOGMEC)于 2012 年 9 月对由国际开发帝石控股公司与日挥公司共同实施的加拿大页岩气开发事业进行资金支持。JOGMEC 向这两家公司出资,在加拿大设立的不列颠哥伦比亚 INPEX 燃气公司出资 45% 股份,国际开发帝石控股公司出资 45% ,日挥出资 10% (程永明,2015)。2014 年 8 月,日本三菱东京 UFJ 银行等三大银行与国际协力银行将向三菱商事与三井物产出资的"卡梅伦"、大阪瓦斯和中部电力出资的"自由港"(Freeport),以及住友商事等出资的"湾点"(CovePoint)三个在美国的页岩气项目提供融资,规模达 100 亿美元以上。

积极参与开发并不代表能获得预想的收益。2012 年日本的住友商社联合丸红、三井等其他日本企业积极参与美国得克萨斯州页岩油气资源的开发,住友向德文能源公司(Devon Energy)位于得克萨斯州的页岩油气田投资 20 亿美元,并获得该油气田 30% 的权益,随着开发的进行,2014 年住友发现得克萨斯州的页岩油气田地质情况较预期复杂很多,石油与燃气开采所需费用将远超原始计划,出现亏损迹象。同样面临困境的是伊藤忠在北美的页岩气业务。伊藤忠于 2011 年出资 780 亿日元联手美国投资基金收购 Samson,但在 2014 财年累计亏损额达到 1 千亿日元,2015 年日本伊藤忠商事不得不出售所持的美国 Samson Resources 公司全部股份,退出了位于美国俄克拉何马州的页岩气开发项目[①]。

页岩气开发失败的一个重要原因是油气资源价格的持续走低,石油价格从 2014 年 3 月最高价 105 美元/桶一直下跌到 2015 年年底,又下跌到 2016 年年初的 30 美元/

---

① 经济参考报,2015 - 06 - 25.

桶左右。石油输出国组织不希望看到页岩气产业的兴起,采用价格战打压页岩气产业的生存空间。伴随着石油价格的下跌,煤炭、天然气价格也有较大降幅。页岩气企业的利润空间不断受到挤压,最终使得一些合作的日本企业不得不暂时退出页岩气市场。

三、 日本与其他国家的页岩气合作

日本企业除了活跃在北美市场外,还积极参与其他地方的页岩气开发。2011 年 12 月,日本三菱商事获得澳大利亚石油/燃气公司布鲁能源有限公司(Buru Energy Limited)所持有的澳大利亚西部金伯利地区 50% 的页岩气勘探权。2013 年 4 月,三井物产与墨西哥国家石油公司页岩气的合作,参与邻近墨西哥的美国得克萨斯州页岩气开采项目。同年 6 月,俄罗斯石油公司在彼得堡国际经济论坛上与日本丸红株式会社(Marubeni)和日本库页岛石油开发合作公司 Sodeco 公司签订了供应页岩气的协议。表 9-1 为 2011—2014 年日本企业在海外从事页岩气合作项目的状况,从表中可见,既有能源企业投资,也有金融企业投资。

表 9-1 2011—2014 年日本企业海外页岩气投资合作状况①

年 份		日本企业名称	合作的国外企业名称	合 作 项 目
2011		伊藤忠	联手美国投资基金收购 Samson	美国俄克拉何马州的页岩气开发项目
2011	能源企业	三菱商事	澳大利亚石油/燃气公司 Buru Energy Limited	澳大利亚西部金伯利地区页岩气项目
2012		住友商社、丸红、三井	Devon Energy(美国)	美国得克萨斯州页岩油气项目
2012		三菱商事	尼克森(加拿大)	加拿大不列颠哥伦比亚省页岩气田
2013		三井物产	墨西哥国家石油公司	美国边境的页岩气项目
2013		丸红、日本库页岛石油开发合作公司	俄罗斯石油公司	页岩气购买协议

① 根据中国经济网、人民网、西陆东方军事等网站发布的信息制表。

（续表）

年　份		日本企业名称	所支持的日本企业	合　作　项　目
2012	金融企业机构	日本石油天然气—金属矿物资源机构	国际开发帝石控股公司、日挥公司	加拿大页岩气项目
2014		三菱东京 UFJ 银行、国际协力银行	三菱商事、三井物产	"卡梅伦"项目（美）
2014		三菱东京 UFJ 银行、国际协力银行	大阪瓦斯、中部电力	"自由港"项目（美）
2014		三菱东京 UFJ 银行、国际协力银行	住友商事	"湾点"项目（美）

四、 页岩气革命给日本带来的影响

页岩气革命刺激了能源匮乏的日本,日本以极其认真的态度关注着周边国家的页岩气的勘探与开发。令日本有一丝欣慰的是,日本本土虽然页岩气储量极低,但日本近海的可燃冰的储量却极为丰富,20 世纪 90 年代日本已对此作出大胆的"可支撑日本能源使用近百年"的估计。页岩气革命本质上是页岩气的商业化开采,美国页岩气商业化开采的成功极大地刺激了日本对可燃冰开采技术的研发投入,日本的目标是最早在 2018 年实现可燃冰商业化开采,甚至期待可燃冰技术将成为下一个"页岩气技术革命"。

页岩气的低成本开采正在显著降低现有油气产品价格,日本担心开始于美国的页岩气革命会使得以天然气为中心的能源价格差距扩大,对西欧、美国、日本之间的产业结构造成影响。美国天然气价格看似完全脱离世界天然气价格,一直保持在低价位上。日本在 2014 年能源计划中引用了《世界能源展望 2013》的数据,指出 2012 年,美国国内天然气价格显著低于欧盟、日本的天然气价格,随着页岩气的进一步开采,天然气价格将进一步降低,这会使得欧盟以及日本的能源产业部门以及石化工业部门出现萎缩,并有可能损失三分之一的出口份额,影响到日本产业结构与经济增长,相比之下美国的相关产业部门将扩大。

与石油分布较为集中于中东不同,页岩气有着广泛的分布,除了美国外,中国、加拿大、澳大利亚、俄罗斯、南美、非洲等国家和地区的页岩资源也极为丰富,由此日本未来页岩气的进口不必集中于某一个地区。2012 年日本对中东的原油需求依赖超过80%,日本预计未来页岩气的广泛开采会降低日本对页岩气需求的地缘风险因素。

此外,日本也是液化天然气的第一进口大国,其进口量占世界进口总量的40%,日本对美国液化天然气的依存度在日本福岛核电事故后迅速提高。随着美国页岩气开采量的增大,对日本参与的企业给予了出口许可,即向日本供应页岩气制成的液化天然气。2018 年加拿大也将供应给日本页岩气。

第二节   韩国

韩国作为东亚新兴经济体,2014 年 GDP 总量排在世界第 13 位。随着经济规模不断扩大,韩国国内能源增加,2011 年韩国能源进口占能源需求量的 96%[①],能源的自给率低于日本。页岩气资源在韩国几乎不存在,页岩气革命之后韩国加紧同美国和加拿大的能源部门进行合作,希望合作开采那里的页岩气资源。2012 年韩国与加拿大签署协议,共同开发位于加拿大不列颠哥伦比亚省西海岸页岩气资源,韩国一些企业直接参与北美页岩气开发,一些企业则参与页岩气开发的配套工程,比如建设管道基础设施等。

有关页岩气革命负面影响的看法,在韩国有一定市场。韩国通过几十年的发展,已经在电子、汽车、造船等领域占有一席之地,并具有较强的竞争力。北美页岩气革命爆发后,韩国工商界意识到这会给页岩气储藏大国带来能源使用成本的下降,相关产业竞争力显著,由此对韩国能耗大的产业带来不小的冲击。不管怎么说,韩国需要积极面对页岩气革命带来的影响,加强与已经开发页岩气的大国和计划开采页岩气的邻国中国的合作。

---

① 2020 年前韩国海外石油天然气产量将提高 35% . 中商情报网,2012 - 03 - 15.

第三节　　印度

印度是发展中大国,近几年经济发展较快,2013 年经济总量挤进世界前十位,2014年更是历史性地位于世界第 9 位。随着经济发展,印度能源消耗也在逐年增加,2008年印度已成为世界第四大石油消费国,2012 年成为第三大煤炭消费国。

一、 印度常规能源概况

2012 年印度成为仅次于中、美、俄的世界第四大能源消费国。根据英国石油公司的统计数据,2015 年印度能源消费量为 7. 005 亿吨石油当量,在世界能源消费中占5.3%,位于世界第三大能源消费国[1]。根据美国能源信息署(EIA)的报告估计,2012—2040 年,印度的石油消费量将以 3%的复合年均增长率增长,成为世界能源消费增速最快的国家。预计到 2040 年,印度将超过美国,成为世界第二大能源消费国。

印度与中国的能源消费结构类似,煤炭消费比重远高于石油、天然气消费比重。印度的能源自给率低于中国,高于同处于亚洲的日本和韩国,但要达到日韩经济水平,未来若干年还要消耗大量能源,届时能源自给率会显著下降。印度已探明煤炭储量占世界储量的 8.6%,可开采量位居世界第四位(杨文武,2013);已探明石油储量只占世界储量的 0.5%;已探明天然气储量为 1×10^{12} m^3。从长期看,印度能源储备堪忧。据估计到 2030 年左右,印度煤炭进口依赖度将达到 78%,石油进口依赖度为 93%,天然气进口依赖度为 67%。印度国内所蕴藏的能源,远远无法满足印度未来发展的需要。相比印度的人口,占世界 20%的人口使得印度人均资源占有量极度贫乏。为此,印度对非常规能源资源极为渴求。

长期以来印度能源短缺与能源利用效率低下并存,能源短缺与能源浪费并存,能源管理体制的落后,使得能源间歇性短缺给印度带来的危害时常见诸报端。此外,在能源外交上印度表现也较差,该国既有想扩大地区影响力的雄心,又在能源外交领域

---

[1]　BP Statistical Review of World Energy, 2016.

动作缓慢,反应迟钝。很长一段时间里,印度在能源外交上更多的是在常规能源领域与周边国家合作。印度位于南亚次大陆主体陆地,与多个国家接壤,西边紧靠中东产油国。靠近西亚却没有获得应有的石油进口优惠,进口石油价格依然是"亚洲溢价"。油气资源的运输主要采用管道运输,相比日本,能源进口成本会低一些,但由于过去三十多年印度似乎没有处理好与邻国的关系——土库曼斯坦、伊朗、卡塔尔、孟加拉、缅甸都曾是印度的目标气源国,但至今与这些国家没有一条管道建成。

显然,印度不仅存在能源短缺问题,而且也存在能源利用体制不合理、外交环境不良等问题。对印度而言,能源工程是以寻找新能源、扩大能源储备为核心,包括能源利用、能源外交在内的综合系统工程。

二、 印度的页岩气勘探与开发

美国的页岩气革命给印度带来了开发新能源的曙光,印度的地质生成年代有页岩气大规模存在的可能。印度石油天然气公司(ONGC)通过对达莫达尔(Damodar)和坎贝(Cambay)盆地进行页岩气勘测,于 2011 年 1 月在西孟加拉邦加尔各答西北部的一个试点项目中发现了页岩气。根据美国能源信息署(EIA)2011 年的估算,印度页岩气原地总储量为 8.3×10^{12} m³,可开采储量为 1.78×10^{12} m³(李盼等,2014)。2013 年美国能源信息署修正的印度可开采量为 2.72×10^{12} m³。印度国家地球物理研究所(NGRI)在一份报告中称,印度的页岩气储量远高于此前的预测,具体数字高达 14.92×10^{12} m³,足以满足印度 200 年的能源需求①。

经过勘探,发现印度的页岩气主要储藏于坎贝盆地(Cambay)、高韦里盆地(Cauvery)、克里希纳·戈达瓦里盆地(Krishna Godavari)、达莫达尔盆地(Damodar),这四大盆地由一些次级盆地组成。坎贝盆地位于印度西北部,成型于白垩纪晚期到第三纪的断裂盆地,分为梅萨纳-艾哈迈达巴德(Mehsana-Ahmedabad)、达拉布尔(Tarapur)、布若切(Broach)、讷尔默达(Narmada)四个断层区,其中达拉布尔、布若切

---

① 印度酝酿页岩气大开发. 中国能源报,2012 - 08 - 01.

断层区含有丰富的页岩气资源,储量为 $41\,343 \times 10^8$ m^3,可开采量为 $8\,353 \times 10^8$ m^3。克里希纳·戈达瓦里盆地位于印度东海岸,包含二叠纪三叠纪页岩层,页岩气储量为 $107\,888 \times 10^8$ m^3,可开采量为 $16\,112 \times 10^8$ m^3。高韦里盆地位于印度靠近斯里兰卡的东南海岸,面积为 2.3×10^4 km^2。高韦里盆地成型于白垩纪,由阿里耶卢尔-本地治里(Ariyalur-Pondicherry)、坦加布尔(Thanjavur)两个次级盆地组成,页岩气储量为 $8\,495 \times 10^8$ m^3,可开采量约为 $1\,274 \times 10^8$ m^3。达莫达尔盆地由众多小盆地组成,是石炭纪到三叠纪的沉积盆地,页岩气储藏量 $7\,646 \times 10^8$ m^3,可开采量为约为 $1\,529 \times 10^8$ m^3。(表9-2 和图9-2)

英文名称	Cambay	Cauvery	Krishna Godavari	Damodar
中文名称	坎贝盆地	高韦里盆地	克里希纳·戈达瓦里盆地	达莫达尔盆地
地质年代	白垩纪晚期到第三纪	白垩纪	二叠纪三叠纪	石炭纪到三叠纪
沉积环境	海相	海相	海相	海相
可开采量/(10^8 m^3)	8 353	1 274	16 112	1 529

表9-2 印度四大盆地的储量与地质特征

(U. S. Energy Information Administration, 2013)

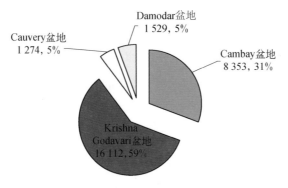

Damodar盆地
1 529, 5%

Cauvery盆地
1 274, 5%

Cambay盆地
8 353, 31%

Krishna Godavari盆地
16 112, 59%

图9-2 印度页岩气盆地名称、页岩气储量及比重(单位: 10^8 m^3)

(U. S. Energy Information Administration, 2013)

除此之外,研究者还发现在温海恩盆地(Vindhyan)、厄珀-阿萨姆盆地(Upper-Assam)、南雷瓦盆地(SouthRewa)同样有页岩气发育的地质条件,但成熟度低,暂不适合商业开采。也有印度学者认为,阿萨姆邦-阿拉干盆地(Assam – Arakan)、帕安亥塔–戈达瓦里盆地(Pranhita – Godavari)页岩气储量巨大。

按照美国能源信息署的估计,印度虽有一定的页岩气资源但并不很丰富,印度已探明的开采量是世界排名第十的巴西的四分之一,与已探明的储量第一位的中国更有不小差距。即便算上页岩气页岩油等资源,印度依然是金砖四国中能源最短缺的国家。因此,印度虽与能源短缺的国家相比有很大的能源资源潜力,但依然要面对能源相对短缺的挑战。

在上述这些页岩气盆地中,印度已经对坎贝盆地(Cambay)进行了较为透彻的研究与勘探,该盆地原本就是印度比较重要的油田,但经过几十年的开采石油储量渐于枯竭,页岩气的发现使得该盆地重现生机。坎贝盆地成型于古新世中期的白垩纪到始新世中期的第三纪时期,盆地中形成了厚有机质和黄铁矿沉积成的页岩,页岩气资源前景非常好。坎贝盆地的页岩气开采是印度首次采用水力压裂技术进行的页岩气开采。但该盆地地质条件复杂,地垒、地堑、断层等地质构造较多,盆地内页岩气分布较为分散。与坎贝盆地类似的高韦里盆地(Cauvery)以及其他盆地同样地质条件复杂,存在一定的开采难度。复杂的地质条件对印度的页岩气开发而言是无法回避的问题。

2011 年印度石油天然气公司(ONGC)开始在坎贝盆地进行页岩气的试验性开发,并得到美国地质调查局(USGS)的技术援助。但随后印度的页岩气项目放慢了脚步。总体来说,印度页岩气还停留在估算与勘测阶段,还未真正进入页岩气实质开发阶段。不过,2012 年 3 月中国的中石油联手荷兰皇家壳牌石油中国勘探与生产公司,签署了开发四川页岩气项目。印度得知情况后希望尽快推进页岩气开发项目,认为不能再输在起跑线上了。

三、 印度的海外能源合作

美国页岩气革命后,页岩气产量急剧增加,印度开始筹划与美国的能源合作,引进美国廉价的天然气。2011 年印度国有天然气公司(GAIL)环球(美国)公司与位于美国休斯敦的卡里索油气公司执行了一份约束性协议,收购后者在伊格尔·福特页岩气区块的20%权益。2012年,印度国有天然气公司(GAIL)又与美国一家页岩气公司签署了一份期限为20年、总价值不低于120亿美元的天然气供销合同。显然,印度试图在实现能源进口多元化的同时,与国外能源企业加强合作,共同开发海外能源,降低单独进口能源的风险。由于印度能源开采技术相对落后,页岩气技术处于起步阶段,因此,这种与国外能源企业的合作有助于提升印度自身的技术水平。

中国和印度在能源方面有着诸多相似之处,都是发展中大国,经济发展较快,都面临能源短缺的困境,都是能源进口大国,一次能源消费中煤炭占比都偏高,而天然气清洁能源占比都较低。两国能源利用效率相对发达国家要低些,经济发展中火力发电带来污染问题。现如今,页岩气的商业开采无疑使两国能源储藏量增加了许多,两国也都开启了页岩气勘探开采模式。如果中国和印度在页岩气开发上加强合作,不仅有利于解决两者所面临的能源困境,而且也能争得能源需求大国的话语权以及弥补两国在政治上的分歧。总之,通过与周边国家的能源合作,有助于改善与邻国之间的关系。

第四节　巴基斯坦

巴基斯坦位于南亚次大陆西北部,紧靠阿拉伯海,与印度、中国、伊朗、阿富汗接壤,是世界第六人口大国,但经济发展较为落后,2014年人均国内生产总值(GDP)排名第147位。巴基斯坦能源储备中最为丰富的煤炭2013年储量为$1\,850 \times 10^8$ t,居于世界第七位;天然气储量为1.59×10^{12} m³、石油11亿桶[①]。总体而言,巴基斯坦能源相对贫乏。石油及其制成品大部分依赖进口,天然气储量丰富但消耗量也很大。煤炭储量虽然可观,但受困于技术和资金短缺,开采量不足以弥补需求短缺的局面。2010

[①] 巴基斯坦调整油气储量数据. 中华人民共和国商务部网站,2013 - 12 - 24.

年至今,巴基斯坦每年的财政预算中能源进口额超过 50 亿美元①。随着经济不断发展,能源缺口日益扩大,能源的生产不足严重制约了巴基斯坦的经济发展。

在页岩气革命的引领下,巴基斯坦也开始勘查本国的页岩油页岩气等非常规能源资源状况,在中部和南部的印第安座盆地(Indus)发现储有丰富的页岩气资源,最初估计页岩气储量为 $6\,796 \times 10^8$ m³。2013 年第二次勘测美国能源信息署报告称,巴基斯坦蕴藏技术可开采量为 $2.973\,3 \times 10^8$ m³。2015 年巴方与美国国际开发署联合进行资源勘探,探明巴基斯坦页岩气储量将是之前探明储量的数倍,乐观估计,页岩气储量的提高将有可能改变巴基斯坦能源短缺地位。

巴基斯坦的盆地地质构造特殊,页岩气储藏分散在多个次级盆地中,并且页岩气封闭性较差,带来开采的技术性要求。传统水力压裂技术开采页岩资源需要的投入较大,有可能造成环境污染,需要进行技术改进。现有的水力压裂技术需要大量水源,而巴基斯坦是一个严重缺水的国家,为此该国暂时不会有很大的能源改观。无论是常规能源开发,还是非常规能源开发,提升能源开采技术水平,以及开展对外能源合作,对巴基斯坦都极为重要。

从陆上地理位置来看,巴基斯坦西面是中东产油国以及卡塔尔天然气出口国,东面是中国、印度两个能源需求大国,北面是中亚及俄罗斯油气资源富裕国,南面是印度,海上紧靠霍尔木兹海峡这条极为重要的能源运输通道。巴基斯坦的页岩气富集区在巴国南部的印第安座盆地,地理位置上一边是伊朗、一边是印度,且靠近霍尔木兹海峡以及中巴合作的瓜达尔港。巴基斯坦政府强调自己所处的独特能源战略地理位置,提出建立东西方能源"走廊",将能源走廊变成能源出口集散地。总之,巴基斯坦页岩气资源若得到很好的开发,不仅能满足内需,也可以降低外运成本。

印巴两国作为南亚次大陆的主体,只有领土上的分界线,没有地形地貌意义上的分界线。巴基斯坦的页岩气储藏区(图 9-3)与印度部分页岩气储藏区是连为一体的,无论地质构造还是储藏特点有诸多相似之处,两国加强能源上的合作不仅能提高开采质量降低成本,一定程度上也许能弥补政治上的分歧。

---

① 巴基斯坦能源现状及能源政策、能源外交分析. 中华人民共和国商务部.

图9-3 印度、巴基斯坦页岩气储藏分布

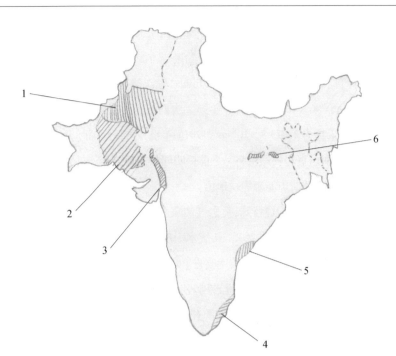

1—巴基斯坦中部印第安座盆地;2—巴基斯坦南部印第安座盆地;3—印度的坎贝盆地;
4—印度的高韦里盆地;5—印度的克里希纳·戈达瓦里盆地;6—印度的达莫达尔盆地
(根据 U. S. Energy Information Administration, 2015 制图)

第五节　澳大利亚

　　澳大利亚是发达国家,2015 年人均 GDP 为 51 593 美元,如此高的人均收入得益于澳大利亚丰富的矿产资源以及与此相关的产业部门。澳大利亚人口为 2 300 万,国土面积 760 万平方公里,矿产资源种类很多。广袤的土地、丰富的资源、人均资源占有量都令各国羡慕。澳大利亚出口多种矿产资源,2014 年矿产品出口额占到总出口额的 57%。澳大利亚也被称为"坐在矿车上的国家"。

一、 澳大利亚常规能源概况

澳大利亚是煤炭生产大国也是煤炭出口大国,根据英国石油公司的数据,2013 年澳大利亚煤炭储量占世界煤炭储量的 8.6% ,位居世界第四位,煤炭出口量居世界第二位。同时澳大利亚又是世界第三大液化天然气出口国,是亚太地区天然气市场的主要供应大国,日本、韩国的天然气进口主要依赖澳大利亚。

澳大利亚丰富的能源资源降低了国内企业的燃料成本,提升了企业产品竞争力,同时也吸引了大量国际能源企业到澳大利亚进行投资。澳大利亚除了蕴藏常规能源外,也蕴藏丰富的页岩油气等非常规能源,引起国际能源巨头的极大兴趣,他们纷至沓来对澳大利亚进行联合勘探,合作开发。

二、 澳大利亚在页岩气勘探与开发上的国际合作

美国页岩气革命引起澳大利亚国内企业对页岩气的勘探热潮。2010 年,澳大利亚全球勘测公司(AWE)在珀斯盆地(Perth)勘测出潜在页岩气资源达(3 681 ~ 5 663) × 10^8 m^3。这一发现预示着澳大利亚拥有储量巨大的页岩气资源。此后许多国家的公司、能源机构加入澳大利亚页岩气勘测大潮中。比如,2011 年日本三菱公司勘探澳大利亚西部的页岩气资源,2012 年 6 月挪威国家石油公司在澳大利亚北领地乔治娜盆地(Georgina)部分进行勘测。2011 年能源勘测权威机构美国能源信息署给出澳大利亚四个主要页岩气盆地坎纳(Canning)、库珀(Cooper)、马里伯勒(Maryborough)、珀斯(Perth)的地质构造及页岩气储量。

随着勘探的不断进行,2013 年美国能源信息署公布澳大利亚坎纳、库珀、马里伯勒、珀斯、比塔卢(Beetaloo)、乔治娜六大盆地页岩气可开采量为 12.366 × 10^{12} m^3,世界排名第七位(表 9 - 3、图 9 - 4、图 9 - 5)。可开采量为世界页岩气储量排名第四的美国可开采量(18.8 × 10^{12} m^3)的三分之一,是世界页岩气储量最大的中国可开采量(31.55 × 10^{12} m^3)的五分之二(陈曦,2014)。相比澳大利亚的人口与经济发展的需要,该国的页岩气储量已可谓丰富到了极点。

英文名	Canning	Cooper	Maryborough	Perth	Beetaloo	Georgina
中文名	坎纳盆地	库珀盆地	马里伯勒盆地	珀斯盆地	比塔卢盆地	乔治娜盆地
地质年代	奥陶纪 白垩纪	二叠纪	白垩纪	二叠系 三叠系	前寒武纪	前寒武纪
沉积环境	海相地层	湖相地层	海相地层	海相地层	海相地层	海相地层
可开采量/(10^8 m^3)	66 658	26 306	5 437	9 260	12 374	3 625

表9-3 澳大利亚六大盆地的储量与地质特征[1]

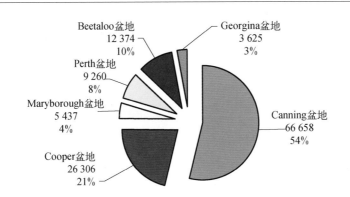

图9-4 澳大利亚六大盆地页岩气储量及比重（单位：10^8 m^3）

坎纳盆地从西澳大利亚州海岸一直延伸到内陆,位于内陆裂谷盆地,面积达 47 × 10^4 km^2。该盆地发育于奥陶纪到白垩纪的海相地层,已探明页岩气储量为 34.750 6 × 10^{12} m^3,可开采量为 6.665 8 × 10^{12} m^3。

库珀盆地本就是天然气生产基地,发育于二叠纪湖相沉积地层,该盆地从澳大利亚南部一直延伸到昆士兰地区,覆盖面积达 13 × 10^4 km^2,已探明页岩气储量为 9.220 0 × 10^{12} m^3,可开采量为 2.630 6 × 10^{12} m^3。该盆地是澳大利亚最主要的陆上页岩气盆地,有完善的开采设备与交通基础设施,但此盆地是湖相沉积盆地,且二氧化碳含量较高降低了开采价值。

马里伯勒盆地位于昆士兰州,面积为 1.1 × 10^4 km^2,存有常规石油天然气井,一直以来开采程度较低。该盆地是发育于白垩纪海相页岩盆地,已探明页岩气储量为

---

① EIA/ARI World Shale Gas and Shale Oil Resource Assessment-Australia, June 2013. 图 9 - 4 来源同。

图 9-5 澳大利亚六大
盆地地理区位

1—坎纳盆地;2—珀斯盆地;3—比塔卢盆地;4—乔治娜盆地;5—库珀盆地;6—马里伯勒盆地
(坎纳盆地、库珀盆地中的深色区域为页岩气富集区)
(根据 U. S. Energy Information Administration, 2015 制图)

1.809 5×10^{12} m^3,可开采量为 5 437×10^8 m^3。

珀斯盆地位于西澳大利亚州,是由北折向西北走向的地堑。该盆地由两个次级盆地组成,面积为 5.1×10^4 km^2,页岩气储藏在二叠系和三叠系的海相地层中;已探明页岩气储量为 47 488×10^8 m^3,可开采量为 9 260×10^8 m^3。

比塔卢盆地位于达尔文市东南 400 mi[1 mi(英里)=1.61 km(千米)]处,面积达 3.6×10^4 km^2,已探明储量 28 317×10^8 m^3,可开采量 12 374×10^8 m^3。

乔治娜盆地位于澳大利亚北领地与昆士兰交接处,面积为 32×10^4 km^2,地质年代为前寒武纪,储量为 1.897 2×10^{12} m^3,可开采量为 3 625×10^8 m^3。除了这六大盆地之外,悉尼(Sydeny)、洛恩(Lorne)、克拉伦斯(Clarence)等盆地,还未公开勘探数据(EIA/ARI, 2013)。

鉴于澳大利亚丰富的页岩气储量,该国公司纷纷加入页岩气开采行列。澳大利亚全球勘测公司致力于珀斯盆地的勘测开发,森纳士能源公司(Senex)开发部分珀斯盆地的页岩气资源,澳大利亚海滩能源公司与澳大利亚 Icon 能源公司合作开发澳大利亚南部的珀斯盆地的页岩气资源,而阿莫公司(Armour)专注于昆士兰州的天然气以及页岩气的开采。除此之外,众多国际能源企业也纷纷进军澳大利亚页岩气勘探开发市场。

根据美国能源信息署统计,到 2013 年中期,埃克森美孚、雪佛龙、康菲、挪威国家石油公司、道达尔、BG 集团等跨国能源企业已经在澳大利亚的页岩气产业投资超过 15 亿美元(表 9 - 4)[1]。这些公司多是以参股合作等方式与澳方企业共同开发,其中包括中国海洋石油总公司,2010 年中海油与澳洲石油天然气勘探企业爱克索玛公司(Exoma)合作开发昆士兰加利利盆地(Galilee)的页岩井项目,中国石油与美国康菲石油公司在澳大利亚的合作项目,2013 年中国石油将获取康菲石油公司位于西澳大利亚海上 Browse 盆地波塞冬项目(Poseidon)20% 的权益,以及陆上坎纳盆地页岩气项目 29% 的权益[2]。这些大公司的参与足见业界对于澳大利亚成为页岩气大国抱以很大期望。跨国公司的广泛参与将进一步奠定澳大利亚能源出口大国的地位。

年 份	外国企业名称	澳大利亚企业名称	合 作 项 目
2010	中国海洋石油	Exoma 公司	昆士兰 Galilee 盆地的页岩气井项目
2012	挪威国家石油、加拿大 PetroFontier 公司		澳大利亚北领地 Georgina 盆地页岩气项目
2012	法国道达尔公司	澳大利亚中部公司	澳大利亚中部页岩气勘探项目购入协议
2013	埃克森美孚	Ignite Energy Resources 公司	澳大利亚维多利亚州吉普斯兰德盆地页岩气
2013	雪佛龙	Beach Energy 公司	收购 Beach Energy 公司在澳大利亚中部 Cooper 盆地 60% 权益
2013	中国石油、康菲石油		购得康菲在澳大利亚 Browse 盆地页岩气 20% 权益、Canning 盆地页岩气项目 29% 权益

表 9 - 4 部分国外企业在澳大利亚页岩气项目

---

[1] 世界页岩气勘查开发进展,2016 - 01 - 27.
[2] 网易财经,2010 - 12 - 09.

三、 澳大利亚页岩气开发中的有利因素与不利因素

澳大利亚页岩气开采的不利因素首先是偏高的开发成本给投资者带来非盈利风险。2013 年英国《卫报》估计,澳大利亚页岩气开采所需的基础设施建设成本将是美国的两倍,因此页岩气的价格会随之攀高。报道预测,未来两年内各大企业将在页岩气开发上耗费约 5 亿美元,但盈利前景堪忧。

其次是天然气价格的波动影响页岩气开采。能源和其他矿产品出口占澳大利亚出口很大比重,近些年天然气价格的波动使得能源产品价格下降,恶化了澳大利亚的贸易条件。就天然气市场来看,澳大利亚的天然气市场面临着来自俄罗斯、加拿大等天然气供应国越来越激烈的竞争,比如 2014 年俄中签署的供气协议以及俄日供气协议,挤占了澳大利亚的出口市场,导致天然气价格的下降。

再者就是就是环境因素增加了开发成本。由于劳动力短缺、物流费用增加,以及澳元走强等因素,使得澳大利亚天然气的开发成本不断提升。有数据显示,1991—2002 年,澳大利亚近海钻井油气勘探开发的商业成功率尚不足 10%(胡德胜,2008)。随后的情况并未改观,2003 年澳大利亚钻探了 60 口海上井,总共花费了 3.745 亿美元。2013 年钻探 20 口井花费 22 亿美元。除了勘探开发成本上升外,运营费用也在上升,澳大利亚西部海域的埃克森美孚的高庚天然气项目,2009 年运营费用为 370 亿美元,2012 年底运营费用飙升到 540 亿美元[①]。作为天然气储量及出口量大国的澳大利亚为重新取得竞争优势,需要采用新的天然气开采技术以降低生产成本。

澳大利亚开采页岩气存在有利因素首先表现为巨大的能源储藏量。澳大利亚化石燃料在可预见的未来依然是能源需求的主流,国际能源署《2013 世界能源展望》报告中指出,当今的世界能源消费结构中,化石能源仍旧占到 82%,预计到 2035 年这个比重将依然高达 75%。而化石能源中天然气是最清洁的能源,各国能源消费必然越来越看重天然气,页岩气是非常规天然气,随着技术的不断提升将会得到更广泛的开采。

---

① 澳大利亚打造天然气大国不容易. 中国石油新闻中心,2014 - 07 - 02.

其次,环境优势。从页岩气储藏的地理位置来看,澳大利亚相对中美页岩气储量大国而言,其储藏盆地位于人烟稀少的内陆地区甚至沙漠地区,相比人口稠密地区而言,开发过程中减少了公众成本与环境成本。这里所说的环境成本只是相对于城市商业区环境成本支出小,并不表明可以为开采能源而破坏环境。澳大利亚政府早在1999年就颁布了《1999年环境保护和生物多样化保护法》。

再者,市场区位优势。从国家市场区位来看,澳大利亚靠近经济发展最快但能源短缺的东亚地区,有市场区位优势,相比美国页岩气出口,运输成本较小。

最后,社会法治环境优势。作为发达国家的澳大利亚拥有良好的社会环境、健全的法律体系、完善的投资政策以及公平公正、公开透明的政府决策,从而降低了投资的政治风险。澳大利亚政府对能源出口以及外国能源企业的进入持支持态度。在能源开采方面,为吸引能给本国带来经济利益与就业机会的投资,澳大利亚实行能源税收优惠政策,所有这些都会降低投资的商业风险。

当然,澳大利亚能源多位于偏远的内陆地区,交通等基础设施还有待完善中,除了各州以及地方政府为开发能源提供基础设施之外,澳大利亚联邦政府也在建设基础设施方面发挥着积极作用。

第六节　印度尼西亚

印度尼西亚(简称印尼)是东南亚能源大国,同时也是能源开采与出口大国,很长一段时间印尼是靠能源发展的国家,能源收入占国民收入的20%以上(孙仁金等,2008)。2013年印尼煤炭储量 280.17×10^8 t,占世界比重的3.1%,出口达到 4.26×10^8 t,为世界煤炭第一大出口国。印尼也曾经是东南亚石油天然气第一出口大国,但21世纪初以来印尼石油天然气储量形势越来越不容乐观,探明石油储量不断下降,2001年为50亿桶,比1994年下降14%,2013年比10年前进一步下降21%,每年产量比历史最高年份的1977年滑落很多。

一、 印度尼西亚的能源现状

2006 年印尼的石油消费量已经超过其石油开采量,印尼已经从之前的石油出口国变为了石油进口国,并于 2009 年退出石油输出国组织(OPEC)。

印尼一直是世界液化天然气(LNG)的主要出口国,根据 2013 年英国石油公司 6 月发布的世界能源统计数据显示,在过去 10 年中全球天然气探明储量增长了 21%,印尼天然气探明储量增长了 12%[①]。2014 年印尼天然气探明储量比前一年却有较大的下降,减少了 1 045 × 10^8 m^3。不仅如此,随着国内天然气消费量的急剧增加,2012 年国内天然气已经出现供应紧张之势。

由此可见,印尼常规能源除了煤炭还能保持稳产高产之外,石油天然气后备储量不足,这会给印尼经济发展带来影响。为此,寻找非常规能源、可再生能源是摆在印尼面前的一件大事。

二、 印度尼西亚页岩气开发状况

2004 年印尼发现煤气层资源。2010 年印尼万隆科技大学研究显示,印尼拥有 28.3 × 10^{12} m^3 的页岩气储量。研究认为,如果页岩气储藏深度不大于 300 ~ 400 m,则开发将会是经济的。

2012 年印尼国家能源矿产资源部发布报告称,印尼拥有页岩气 16.3 × 10^{12} m^3,其中加里曼丹岛 5.5 × 10^{12} m^3、巴布亚岛 2.5 × 10^{12} m^3、爪哇岛 1.34 × 10^{12} m^3、苏门答腊岛 6.6 × 10^{12} m^3,其余 2 549 × 10^8 m^3 分散在其他群岛。但印尼官方并未确定具体的页岩气技术可采资源量。

2013 年美国能源信息署公布的数据显示(表 9 – 5、图 9 – 6),印尼可开采页岩气量为 1.316 7 × 10^{12} m^3,其中中苏门答腊盆地(Central Sumatra Basin)可采量为 934 × 10^8 m^3,南苏门答腊盆地(South Sumatra Basin)可采量为 1 161 × 10^8 m^3。加里曼丹

---

① 和讯网,2013 – 06 – 17.

岛东部的库泰盆地(Kutei)是印尼最大的沉积盆地,页岩气可开采量为 368×10^8 m^3;塔拉坎盆地(Tarakan)在加里曼丹到北部,页岩气可开采量为 $2\ 605 \times 10^8$ m^3。在巴布亚岛西部的民都盆地(Bintuni),页岩气可开采量为 $8\ 098 \times 10^8$ m^3。

　　2013 年印尼国家石油公司(Pertamina)着手勘探和开采苏门答腊岛北部页岩气资源,并决定在未来 30 年投入 78 亿美元,这也是印尼第一次开采页岩气资源。但总体来看,印尼页岩气储量并不丰富,储量与页岩气大国相比有不小差距。

英文名	C. Sumatra	S. Sumatra	Kutei	Tarakan	Bintuni
中文名	中苏门答腊盆地	南苏门答腊盆地	库泰盆地	塔拉坎盆地	民都盆地
地质年代	早第三纪	始新世到渐新世	中新世	中新世	二叠纪
沉积环境	湖相	湖相	湖相	湖相	海相
可开采量/($10^8\,m^3$)	934	1 161	368	2 605	8 098

表9-5　印度尼西亚五大盆地的储量与地质特征

(U. S. Energy Information Administration,2013,图 9-6 同此来源)

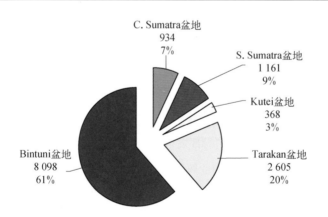

图9-6　印尼五大盆地页岩气储量及比重(单位: $10^8\,m^3$)

　　印尼对页岩气等非常规能源进行开采是必要的,但印尼应避免像常规能源那样短时间内过度开采,导致能源储藏量下降较快,最后不得已由石油出口大国变为了进口国。印尼国家石油公司执行官凯伦·古斯蒂亚万 2013 年曾表示,印尼国内成功开采的页岩气应主要用于国内消费。此外,印尼页岩气资源的开采需要一段时间来提高自己的技术水平。2013 年亚太经合组织能源咨询主席特纳认为,印尼在能源领域基础设施不完善、价格机制不灵活、监管体制不健全等已经阻碍了外资企业对印尼能源的开发。如果不改变这些状况,将影响到未来印尼的页岩气项目的推进。作为石油净进口国的印尼,2015 年准备重新加入石油输出国组织。

近几年印尼在页岩气领域无论是开采还是对外合作方面都没有大的动作,印尼正在页岩气开采方面进行规划,酝酿未来能源开采新的飞跃。

本章小结

亚太地区除了中国、澳大利亚、印度、巴基斯坦、印度尼西亚这五个页岩气储量大国外,泰国、蒙古也勘探出少量页岩气。根据美国能源信息署的数据,泰国页岩气可开采量分别为 $1\ 529 \times 10^8\ m^3$,页岩气资源主要集中在泰国东北部的 Khorat 盆地;蒙古页岩气可开采量为 $1\ 274 \times 10^8\ m^3$,主要分布在蒙古东南部的 East Gobi、Tamtsag 两个地区。目前这两个国家都没有页岩气商业开采活动。

综合以上几个国家的情况不难看出,亚太地区页岩气储量丰富,但由于存在种种原因还未进入大规模实质开采阶段。

从亚太地区页岩气资源储量与经济社会发展现状来看,该地区页岩气资源极为丰富,但分布不均,亚太国家间在页岩气开采、供给、融资、技术合作等各方面方面还缺乏有效的合作机制,历史的原因导致印度长期视中国为竞争对手并有领土纠纷,印度巴基斯坦的长期对立,各方难以形成合力,为适应本地区发展尚需要进行空间整合。

从合作动态上看,无论是页岩气储量丰富的国家还是页岩气储量贫乏的国家大都选择了与美国合作。日本、韩国与北美的合作是为了得到北美的页岩气资源开发许可,尤其日本依靠自身的技术优势与美国企业合作开发,便于日后进口北美的页岩气资源。中国、印度等与美国的合作主要是为了引进开发技术,加快本国的页岩气开采,满足国内需要。澳大利亚、印度尼西亚等与美国的合作更多是为了推动本国的页岩气出口。由于亚太地区还没有页岩气技术成熟的国家,而发动页岩气革命的美国又处于绝对领先地位,短时间内其他国家的能源革命难以超越,因此美国将在一段时间内主导页岩气开发的亚太格局,短时间内这种格局难以打破。所有这些都会进一步强化美国在页岩气技术上的领先地位。

从能源价格来看,亚洲对能源需求的强盛,使得这一地区的能源价格一直高于世界其他地区,亚洲国家进口的石油价格存在"亚洲溢价"问题,同样的天然气交易价格方面,北美、欧洲、东亚三个地区中,亚太地区的价格明显高于其他两个地区。长期以来东亚以及南亚各国由于历史政治原因,经济区域化进程较慢,加上能源对外依赖程度较大,缺乏作为一个整体在国际能源市场上谈判议价的能力。页岩气革命带来了廉价能源,导致石油天然气价格下降,给解决亚洲溢价问题提供了一个外部条件、一个历史机遇。中、日、韩、印四个亚洲能源进口大国若能彼此协调立场,摒弃各自为战的策略,在能源问题上努力用一个声音说话,并充分利用本地区丰富的页岩气资源,将有可能扭转各国在国际能源市场上的被动局面。

中国上海从2011年开始举办首届亚洲页岩气峰会,规模逐年扩大,到2015年已有超过30多个国家及地区的政府、机构、企业等专家高管参加会议。议题从加快中国国内页岩气开采,到提升各国合作开发的技术装备水平,再到涉及页岩气开发的金融法律等。页岩气峰会的举办有利于亚太国家共同面对发展中的能源问题。但页岩气峰会从举办层次看还处于论坛阶段,短时间内还无法升级为"合作组织"。中国就其经济实力、政治实力而言在亚太都有举足轻重的影响力,完全可以借助非常规能源把能源劣势转变为能源优势;并联合区域内其他能源需求大国协调区域内能源供需矛盾,在能源问题上发挥主导作用。

中国作为世界第一能源消费大国,又是页岩气储量与可开采量第一大国,中国的页岩气政策将会影响国际能源市场波动。中国能否在未来引领亚太页岩气市场,下面我们对中国页岩气发展战略进行研究。

第十章

中国页岩气发展战略研究

根据 2011 年美国能源信息署报道的数据,中国是世界上页岩气资源最为丰富的国家。全球 32 个国家中有 48 个含有页岩气资源的页岩盆地,页岩气技术可采资源量 187×10^{12} m^3,其中中国为 36×10^{12} m^3,占世界 19%[①]。页岩气属非常规天然气,天然气燃烧中产生的温室气体要比之石油燃烧少一半左右,比煤炭燃烧造成的污染更是要小得多,被认为是清洁能源。为此,拥有可观页岩气资源的中国期望通过大力开发页岩气资源来降低二氧化碳的排放,并提高本国能源的自给率,减少油气对外依赖度。

第一节　中国页岩气发展战略出台的背景与内容

中国页岩气发展战略的出台既有其应对气候变化的考量,也有为维护能源安全的考量。

一、中国页岩气发展战略出台的背景

探讨中国页岩气发展战略出台的背景,首先需要对中国的能源现状有所了解。

1. 能源生产

根据中国国家统计局数据,2015 年中国一次能源生产量达到 36.2 亿吨标准煤,比 2000 年扩大了 1.61 倍,年均增长 6.6%。其中原煤生产量增长 158.37%,原油生产量增加 32.18%,天然气生产量增加 392.34%,水电、核电、风电生产量增加 391.95%。从各能源生产占比变化情况看,原煤生产在一次能源生产中的比重依然保持 72% 以上,但原油生产量比重已从 16.8% 下降到 8.5%,天然气比重从 2.6% 上升 4.9%,水电、核电、风电比重从 7.7% 上升到 14.5%(图 10 - 1)。

---

① 页岩气资源分布概况. 中国煤炭新闻网,2012 - 11 - 04.

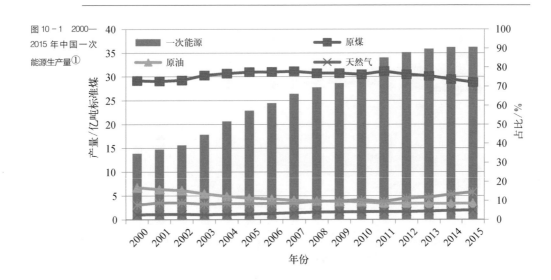

图 10-1 2000—2015 年中国一次能源生产量①

显然,2000—2015 年中国清洁能源生产在一次能源生产中的比重已经从 10.3% 增加到 19.4%。

2. 能源消费

从能源消费看,2015 年中国一次能源消费 43 亿吨标准煤,比 2000 年提高了 1.93 倍,年均增加 7.4%。2015 年煤炭消费在一次能源消费中占比 64%,石油占比 18.1%,天然气占比 5.9%,水电、核电、风电共占比 12%。15 年间,煤炭占比下降了 4.5 个百分点,石油下降 3.9 个百分点,天然气提高 3.7 个百分点,水电、核电、风电提高 4.7 个百分点。总体上,清洁能源消费占比从 2000 年的 9.5% 已经提高到 2015 年的 17.9%(图 10-2)。

3. 能源贸易

从能源贸易看,根据中国国家统计数据,2015 年中国石油(包括原油和石油产品)出口额为 206.4 亿美元,比 2000 年提高了 3.8 倍,年均增长 11.1%;进口额为 1 487.5 亿美元,提高了 7.03 倍,年均增长 14.9%。2009 年经济危机期间,进口量有所下降,2015 年国际油价的下降使得即使进口数量增加,进口额出现下降。从煤炭贸易看,从

① 根据中华人民共和国国家统计局数据计算制图. 图 10-2~图 10-4 来源同此处.

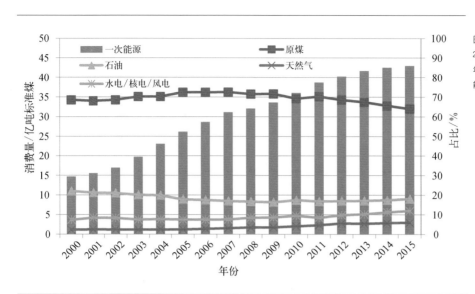

图 10 - 2
2000—2015
年中国一次
能源消费量

2009 年开始中国已经由煤炭(包括煤、焦炭、半焦炭)的净出口国变为净进口国,并且净进口额迅速增多,到 2013 年达到 268.7 亿美元顶峰,其后开始减少。2015 年中国煤炭出口额为 20.4 亿美元,进口额为 121 亿美元,净进口额为 100.6 亿美元,连续两年出现进口额下降(图 10 - 3、图 10 - 4)。

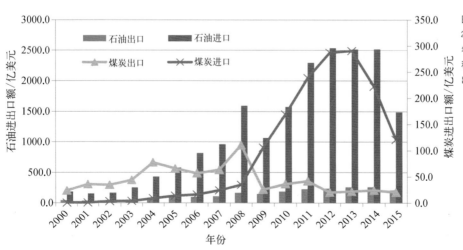

图 10 - 3
2000—2015
年中国石油
和煤炭进
出口

图 10 - 4
2000—2015
年中国石油
和煤炭进出
口数量

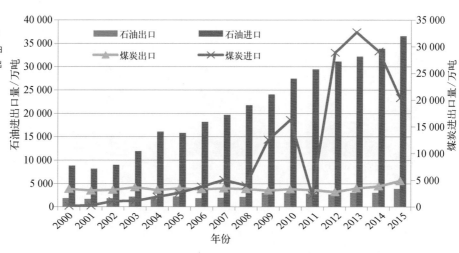

4. 能源储量

从能源储量看,根据国家国土资源部的报道①,全国常规油气资源系统评价(2008—2014 年)已完成,结果显示中国常规油气资源总量非常丰富:全国常规石油地质资源量 $1\,085 \times 10^8$ t,累计探明储量 360×10^8 t;常规天然气地质资源量 68×10^{12} m³,累计探明储量 12×10^{12} m³,常规天然气资源潜力大于石油,这为今后天然气生产的快速发展奠定了基础。

根据国家国土资源统计数据,"十二五"期间,全国地质勘查投资比"十一五"期间增长了 52.4%,更多矿产资源被发现,比如长庆姬塬油田、西南安岳气田、南方涪陵页岩气田等。由此可见,能源储量不断提高(图 10 - 5)。2015 年中国煤炭储量约 1.57×10^{12} t,石油约为 45.7×10^8 t,天然气约为 5.5×10^{12} m³。

5. 中国低碳发展的国际承诺

1997 年 12 月,日本京都召开联合国气候变化会议,通过限制发达国家温室气体排放量以抑制全球气候变暖的《京都议定书》。根据该议定书,第一承诺期要求从2008—2012 年,主要工业发达国家的温室气体排放量在 1990 年的基础上平均减少5.2%,

---

① 中华人民共和国国土资源部. 资源概况. http://old. mlr. gov. cn/zygk/#.

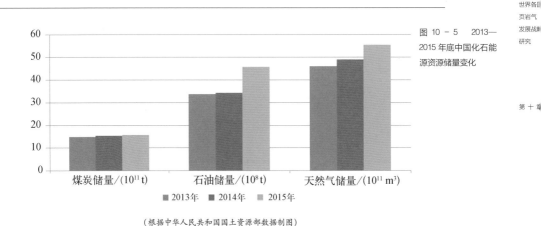

图 10 - 5 2013—2015 年底中国化石能源资源储量变化

（根据中华人民共和国国土资源部数据制图）

其中欧盟 6 种温室气体排放量削减 8%，美国削减 7%，日本削减 6%。美国 1998 年签署，2001 年以该削减将会"影响美国经济发展"和"发展中国家也应该承担减排和限排温室气体的义务"为理由退出议定书。加拿大 2002 年签署协定书，2011 年面对因没有完成预定削减目标将面临罚款，也宣布退出协定书。

随着中国经济迅速发展，且成为世界制造大国，中国面对国际社会要求中国减排的压力日益增大。2009 年 12 月，哥本哈根联合国气候变化大会商讨《京都议定书》一期承诺到期后的后续方案，发达国家要求发展中国家与其减排"责任共担"。美国要求中国承担更多责任，中国表示：（1）发达工业化国家将碳排放"外包"给发展中国家，让后者生产大量碳密集型商品，作为消费者国家应该对制造产品过程中产生的碳排放负责，而不是让出口国去承担；（2）中国的人均 GDP 只有三千多美元，有发展经济的权利，碳排放继续增长不可避免，事实上中国人均碳排放量仅为美国的四分之一；（3）发达国家已经发展上百年时间，历史上排放了大量的温室气体，现在发展中国家开始发展时却要求发展中国家为已经出现的温室气体后果承担同样的责任，这是非常不合理的。尽管如此，但中国依然提出到 2020 年，中国单位 GDP 二氧化碳排放比 2005 年下降 40%~45% 的承诺。2010 年 3 月，中国批准《哥本哈根协议》，表示将与各国一起积极推进应对气候变化进程。

2016 年中国又签署了《巴黎气候协定》，并发布《中国应对气候变化的政策和行动

2016 年度报告》，表示将坚持创新、协调、绿色、开放、共享的发展理念，大力推进绿色低碳循环发展。

2016 年中国在"十三五"规划《纲要》中确定，在未来五年里单位 GDP 二氧化碳排放量将下降 18%，实施近零碳排放区示范工程，建设全国碳交易市场，大幅增加森林碳汇[①]。

国际社会对中国减排的要求、中国自己提出的低碳目标的国际承诺，推动 21 世纪初以来中国在风能、太阳能、核能等清洁能源的开发，进而在页岩气资源开发上的动力。

6. 小结

上述中国能源领域的一系列数据和中国的国际承诺给我们留下以下印象。

第一，中国的能源资源不断发现且储量不断增加，但同时能源消费量也在不断增加，能源生产和消费之间的巨大缺口使得中国不得不通过进口来加以弥补，由此中国的能源安全依然存在较大隐患。

第二，中国对国际社会的承诺，使得中国的清洁能源生产和消费不断扩大，这些年国家在推动低碳能源发展政策已经取得显著成效。"十三五"规划将继续推进该项低碳政策，这意味着清洁能源开发将加大。

第三，清洁能源除了风能、太阳能、生物质能等外，还包括天然气，既然中国拥有包括页岩气在内的丰富的天然气资源，充分开发该资源，将有利于保障"经济-能源-环境"的协调可持续发展。

二、 中国页岩气发展战略

美国页岩气的开发促使中国对本国的页岩油气资源进行广泛的勘探，并在勘探的初步结果上确立页岩气发展规划。

2009 年中国政府在"大型油气田及煤层气开发"国家科技重大专项中设立"页岩

---

① 冯坚，等."森林碳汇"指通过森林植物来吸收大气中的二氧化碳，将其固定在植被或土壤中，以减少二氧化碳在大气中的浓度。

气勘探开发关键技术"研究项目,成立了国际能源页岩气研究(试验)中心。中国与美国签署了《中美关于在页岩气领域开展合作的谅解备忘录》,中国的石油企业与壳牌、挪威、康菲、英国石油公司、雪佛龙、埃克森美孚公司建立联合研究合作意向,并收购了部分国外页岩油气区块权益。

同年,中国国土资源部油气资源战略研究中心启动页岩气战略调查。12 月中石油在四川省南部页岩区开钻了第一口页岩气井——"威 201 井",次年 11 月 9 日该口井开始产气。到 2011 年中石油已经在四川南部页岩区钻探了约 20 口气井,每口井日产量达 10 000 m³ 以上。

2011 年 4 月 13 日,国土资源部油气资源战略研究中心组织实施"全国页岩气资源潜力评价与有利区位优选"专项,在贵州省岑巩县羊桥乡钻探了第一口井深超千米的页岩气井——"岑页 1 井",取得了研究区页岩地层的一手资料,为优选有利区位提供了依据。中石化与英国石油公司合作在江苏黄桥、贵州凯里钻探页岩气,钻探多个页岩气井,如"宣页 1 井""黄页 1 井""建页 1 井""建页 HF－1 井"等。

通过钻探调查,国土资源部初步掌握了国内页岩气基本参数,建立了页岩气有利目标区优选标准,优选出一批页岩气富集有利区。国内石油企业通过勘探,不仅证实了中国页岩气的开发前景,也初步掌握了页岩气直井压裂技术。

2011 年 12 月 3 日,国土资源部发布新发现矿种公告,将页岩气作为独立矿种加以管理,确定"调查先行、规划调控、合同管理、加快突破"的工作路径,并着手页岩气探矿权出让招标工作(姚紫竹,2011;杨亮,2013)。

为了加快页岩气发展步伐,规范和引导页岩气的开发利用,2012 年 3 月 13 日,中国国家发展改革委员会、财政部、国土资源部、国家能源局联合发布《页岩气发展规划(2011—2015 年)》,将页岩气发展纳入国民经济和社会发展"十二五"规划中,要求"推进页岩气等非常规油气资源开发利用",增加天然气资源供应,缓解国内天然气供需矛盾,调整能源结构,促进节能减排。

在规划的指导下,进一步确定了页岩气发展的基本原则。(1)坚持科技创新。将自力更生科技攻关与对外合作引进技术结合起来,通过引进、消化、吸收先进技术,掌握适应本国资源状况的勘探开发生产和管理技术。(2)坚持体制机制创新。要求建立资源开发、市场开拓、气价、管理等方面的创新体制机制,研究制定扶持政策。

（3）坚持常规与非常规结合。由于页岩气和常规天然气分布区多数重叠,输送和利用方式也相同,为了推进页岩气开发利用,规划要求一方面给予页岩气开发利用特殊优惠政策,另一方面页岩气开发也不能忽视常规天然气的发展,两者应有机结合,实现有序发展。（4）坚持自营与对外合作并举。要求在自营勘探开发技术攻关的同时,开展与国外公司的合作。（5）坚持开发与生态保护并重。勘探开发中注重井场集约化建设、地表植被恢复和水资源节约利用,严格钻完井操作规程和压裂液成分及排放标准,保护生态环境。

"十二五"页岩气规划目标是：（1）基本完成全国页岩气资源潜力调查与评价,初步掌握全国页岩气资源量及其分布,优选 $30 \sim 50$ 个页岩气远景区和 $50 \sim 80$ 个有利目标区。（2）探明页岩气地质储量 $6\ 000 \times 10^8\ m^3$,可采储量 $2\ 000 \times 10^8\ m^3$。2015 年页岩气达到 $65 \times 10^8\ m^3$。（3）形成适合中国地质条件的页岩气地质调查与资源评价技术方法,页岩气勘探开发关键技术及配套装备。（4）形成中国页岩气调查与评价、资源储量、试验分析与测试、勘探开发、环境保护等多个领域的技术标准和规范。

2012 年 10 月 22 日,国家发展改革委员会印发下达了《天然气发展"十二五"规划》（发改能源[2012]3383 号）,重申了页岩气"十二五"发展目标和落实页岩气产业鼓励政策。

为了合理、有序开发页岩气资源,推进页岩气产业健康发展,2013 年 10 月 22 日国家能源局发布《页岩气产业政策》,从产业监管、示范区建设、产业技术政策、市场与运输、节约利用与环境保护等方面进行规定。该文件进一步明确了支持政策。

（1）财政扶持。将页岩气开发纳入国家战略性新兴产业,加大对页岩气勘探开发等的财政扶持力度。国家财政对页岩气生产企业直接进行补贴,也鼓励地方财政根据情况对企业进行补贴。

（2）减免税收。对页岩气开采企业减免矿产资源补偿费、矿权使用费,研究出台资源税、增值税、所得税等税收政策;对需要进口设备或技术的,按现行有关规定免征关税。

二、 中国推进页岩气发展的具体措施

自"十二五"规划发布以来,国家在页岩气发展上的推进措施,主要体现在以下几

个方面。

（1）建立研究机构，攻克技术难关。"十二五"期间，政府设立国家能源页岩气研发（试验）中心，在国家科技重大专项中设立"页岩气勘探开发关键技术"研究项目，在"973"计划中设立"南方古生界页岩气赋存富集机理和资源潜力评价"和"南方海相页岩气高效开发的基础研究"等项目，进行技术探索。中国石化、中国石油等相关企业也加强各层次联合攻关，在山地小型井工厂、优快钻完井、压裂改造等方面进行技术创新，并研制了3000型压裂车等一批具有自主知识产权的装备。由此，经过几年的科技攻关，中国基本掌握了3 500 m以浅海相页岩气勘探开发主体技术。

（2）中央财政补贴，支持页岩气开发利用企业。从2012年开始财政部按0.40元/立方米的标准对页岩气开采企业给予财政补贴；2016年又明确"十三五"期间页岩气开发利用将继续享受中央财政补贴政策，补贴标准调整为前三年0.30元/立方米，后两年0.20元/立方米。

（3）鼓励国有企业与地方企业合作，合资开发页岩气。页岩气开发需要大量的资金，也需要资源所在地的积极支持，通过开发给当地经济带来好处。"十二五"期间，中国石化和中国石油分别与地方企业成立合资公司，开发重庆涪陵、四川长宁等页岩气区块。通过合资合作开发，不仅解决了资金、人力不足问题，也调动了地方政府的积极性。

（4）加大政策扶持力度，创造产业发展的良好外部环境。包括研究建立与页岩气滚动勘探开发相适应的矿权管理制度；制定支持页岩气就地利用政策；简化页岩气对外合作项目总体开发方案审批；要求各级地方政府在土地征用、城乡规划、环评安评、社会环境等方面给予页岩气企业积极支持。

（5）加强监督管理，防止开采中可能对环境带来的破坏。页岩气为清洁、低碳能源，但开发中可能会产生一定的环境影响，比如页岩气井场建设会对地表植被产生破坏，开发和集输过程中可能产生甲烷逸散或异常泄露，页岩气增产改造会引发地表震动，增产改造用水量大，影响地区水资源，钻井液和压裂液返排后处理不当，可能会造成污染。为了防止因开采带来的环境破坏问题，2014年中国修订《环境保护法》，国家能源局要求页岩气开采企业严格遵守该法律，制修订页岩气开发相关环境标准；大范围推广水平井工厂化作业，减少井场数量，降低占地面积；对废弃井场进行植被恢复；生产过程中严格回收甲烷气体，不具备回收利用条件的须进行污染防治处理；增产改造过程中将返排的压裂液回收再利用,或进行无害化处理,降低污染物在环境中的排放。

（6）建设天然气管道,提高基础设施能力。根据《天然气发展"十二五"规划》,2011—2015 年新建天然气管道(含支线)4.4×10^4 km,新增干线管输能力约 1 500 $\times 10^8$ m^3/a;新增储气库工作气量约 220 $\times 10^8$ m^3,约占 2015 年天然气消费总量的 9%;城市应急和调峰储气能力达到 15 $\times 10^8$ m^3。到"十二五"末,已初步形成以西气东输、川气东送、陕京线和沿海主干道为大动脉,连接四大进口战略通道、主要生产区、消费区和储气库的全国主干管网,形成多气源供应、多方式调峰、平稳安全的供气格局。

第二节　　中国页岩气资源开发状况与发展目标

自 2009 年中国政府明确页岩气开发战略以来,"十二五"期间,政府相继出台了《页岩气发展"十二五"规划》和《天然气发展"十二五"规划》等文件,加大政府扶植力度,组织资源探索、技术攻关,获得一系列突破。

一、 中国页岩气资源状况

2010 年在前一年"中国重点地区页岩气资源潜力及有利区带优选"项目工作的基础上,根据中国页岩气资源分布、类型和工作进展情况,国土资源部油气中心将全国划分为五个大区:上扬子及滇黔桂区、中下扬子及东南地区、华北及东北区、西北区、青藏区,计划用三年的时间对全国页岩气资源潜力进行总体评价,从中优选出页岩气富集有利区进行开发。

经过几年的勘探,数据显示,中国页岩气资源丰富。根据 2015 年国土资源部的评估结果,全国累计探明页岩气地质储量 5 441 $\times 10^8$ m^3,页岩气技术可采资源量 21.8 $\times 10^{12}$ m^3,其中海相 13.0 $\times 10^{12}$ m^3、海陆过渡相 5.1 $\times 10^{12}$ m^3、陆相 3.7 $\times 10^{12}$ m^3。

2015 年中国南方海相页岩气资源基本落实,并实现规模开发。页岩气开发关键技术基本突破,工程装备初步实现国产化。页岩气矿权管理、对外合作和政策扶持等方面也取得重要经验。总体上,中国页岩气产业起步良好,基本完成了"十二五"规划预期目标。

二、 中国页岩气开发状况

根据国家能源局数据,"十二五"规划期间,全国共设置页岩气探矿权 44 个,面积 $14.4 \times 10^4 \ \mathrm{km}^2$。四川省涪陵、长宁-威远和云南省昭通等国家级示范区已实现页岩气规模化商业开发。图 10 − 6 显示的是美国能源信息署估计的 2006—2014 年中国非常规天然气产量变化情况,2012 年页岩气出现产量,为 $0.25 \times 10^8 \ \mathrm{m}^3$,2013 年增加到 $2 \times 10^8 \ \mathrm{m}^3$,2013 年进一步增加到 $13.2 \times 10^8 \ \mathrm{m}^3$。根据中国能源局 2016 年发布的《页岩气发展规划(2016—2020 年)》数据,2015 年中国页岩气产量已经达到 $45 \times 10^8 \ \mathrm{m}^3$。

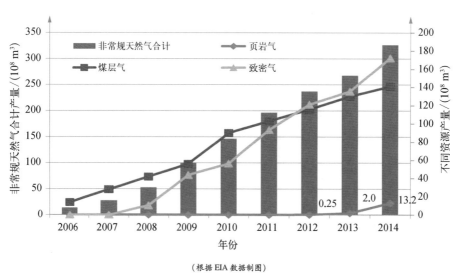

图 10 − 6
2006—2014
年中国非常
规天然气产
量变化

(根据 EIA 数据制图)

三、 中国页岩气发展目标

2016 年 9 月 14 日,国家能源局发布《页岩气发展规划(2016—2020 年)》,提出了页岩气发展的"十三五"规划,以及 2030 年远景目标。

根据发展规划,2020 年中国页岩气的发展目标是:(1)完善成熟 3 500 m 以浅海相页岩气勘探开发技术,突破 3 500 m 以深海相页岩气、陆相和海陆过渡相页岩气勘探开发技术;(2)2020 年力争实现页岩气产量 300×10^8 m³。

2030 年的目标展望是:(1)"十四五"及"十五五"期间,页岩气产业加快发展,海相、陆相及海陆过渡相页岩气开发均获得突破;(2)新发现一批大型页岩气田,并实现规模有效开发;(3)2030 年页岩气产量实现 $(800 \sim 1\ 000) \times 10^8$ m³(图 10 - 7)。

图 10 - 7 中国 2020 年和 2030 年的页岩气产量目标

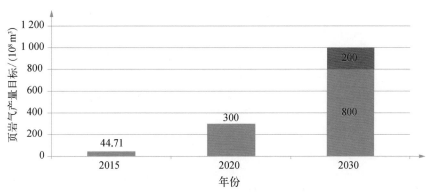

(根据《页岩气发展规划(2016—2020 年)》数据制图)

页岩气"十三五"规划中,中国能源局确定了 5 个重点建产区、6 个评价突破区和 7 个潜力研究区(表 10 - 1、表 10 - 2、表 10 - 3)。

表 10 - 1 中国页岩气发展"十三五"规划中的重点建产区

重点建产区	地 点	区 块	目的层	产能建设	有利目标区	地质资源量 /(10^8 m³)
涪陵勘探开发区	重庆市东部	涪陵	志留系龙马溪组富有机质页岩	在焦石坝建成一期产能 50 ×10^8 m³/a	初步落实二期 5 个有利目标区,埋深小于 4 000 m 面积 600 km²	4 767

（续表）

重点建产区	地 点	区 块	目的层	产能建设	有利目标区	地质资源量/（10⁸ m³）
长宁勘探开发区	四川盆地与云贵高原结合部	水富-叙永、沐川-宜宾	志留系龙马溪组富有机质页岩		埋深小于 4 000 m，有利区面积 4 450 km²	19 000
威远勘探开发区	四川省和重庆市境内	内江-犍为、安岳-潼南、大足-自贡、璧山-合江、泸县-长宁	志留系龙马溪组富有机质页岩		埋深小于 4 000 m，有利区面积 8 500 km²	39 000
昭通勘探开发区	四川省和云南省交界地区	昭通	志留系龙马溪组富有机质页岩		落实四个有利区面积 1 430 km²	4 965
富顺-永川勘探开发区	四川省境内	富顺-永川	志留系龙马溪组富有机质页岩		初步落实有利区面积约 1 000 km²	约 5 000

（根据《页岩气发展规划（2016—2020 年）》信息制表。表 10-2、表 10-3 数据来源同此处）

评价突破区	地 点	区 块	目 的 层	有利目标区	地质资源量/（10⁸ m³）
宣汉-巫溪勘探开发区	重庆市北部	宣汉-巫溪	志留系龙马溪组富有机质页岩	埋深小于 3 500 m，有利区面积 3 000 km²	2 000
荆门勘探开发区	河北省中西部	荆门	志留系龙马溪组-五峰组富有机质页岩	在远安等地初步落实有利区面积 550 km²	3 240
川南勘探开发区	四川盆地南部	荣昌-永川、威远-荣县	志留系龙马溪组富有机质页岩	初步落实埋深小于 4 500 m，有利区面积 270 km²	2 386
川南勘探开发区	四川盆地东南部	川南	志留系龙马溪组富有机质页岩	已在丁山、武隆、南川等地初步落实埋深小于 4 500 m，有利区面积 3 270 km²	9 485
美姑-五指山勘探开发区	四川盆地西南部	美姑-五指山	志留系龙马溪组富有机质页岩	初步落实埋深小于 4 500 m，有利区面积 1 923 km²	13 500
延安勘探开发区	鄂尔多斯盆地中部	延安	三叠系延长组及上古生界山西组、本溪组有机质页岩	下寺湾-直罗、云岩-延川两个有利区	5 630

表 10-2　中国页岩气发展"十三五"规划中的评价突破区

潜力研究区	区块	潜力研究区	区块	潜力研究区	区块	潜力研究区	区块
贵州省	正安	湖南省	保靖	重庆市	城口	湖北省	来凤-咸丰
	岑巩		龙山		忠县-丰都		

注：表内区块通过"十二五"勘探评价，"十三五"将继续加大研究评价和勘探开发力度，争取有所突破。

表 10-3　中国页岩气发展"十三五"规划中的潜力研究区

第三节　　中国页岩气发展面临的挑战及解决的途径

根据外媒报道,2012 年中国已经在试采区开发出 62 口页岩气井,但由于地质技术条件艰巨及地理位置偏远,开采成本极大,每口井成本竟高达 1600 万美元(而美国只有几百万美元)[①]。因此需要政府在研发领域投入资金给予支持。同时以技术折股方式鼓励外国投资者向中国转移开采技术,以税收优惠的条件吸引国外投资者前来中国投资。

一、 中国页岩气发展面临的挑战

应该看到,中国页岩气发展在政府一系列有力政策措施下获得显著成果,但中国页岩气的开采和利用依然存在诸多挑战或问题。除了外媒提到的问题外,页岩气发展还存在诸多挑战,《页岩气发展规划(2016—2020 年)》中列举了部分。

(1)建产投资规模大,中小企业缺乏投资热情。页岩气井单井投资大,且产量递减快,气田稳产需要大量钻井进行井间接替。因此,页岩气开发投资规模较大,实施周期长,不确定因素较多,对页岩气开发企业具有较大的资金压力和投资风险,部分中小型企业投资积极性有所减退。比如,"黔页 1 井"是重庆页岩气勘探开采的代表项目,打一口水平井需要投入 7 000 万元左右,页岩气流量达 308 m^3/h,将气运送出去,不管是管网建设,还是液化处理成本都颇高,虽然政府每平方补贴 0.40 元,但限制很多,难以拿到,而且杯水车薪,不足以填补企业资金缺口,最后该井燃烧 4 小时后就被封井。

(2)深层开发技术尚未掌握,阻碍开发规模的扩大。中国不少区块页岩气埋深超过 3 500 m,对那里的页岩气资源进行开发,在水平井钻完井和增产改造技术及装备方面要求很高。目前中国页岩气重点建产的川南地区埋深超过 3 500 m 的资源超过一半,能否突破开采技术及设备难关,关系到"十三五"中国页岩气的开发规模目标能否实现。

---

① 中国或难以复制美式页岩气革命. 华尔街日报,2012 - 10 - 24.

（3）勘探开发竞争不足，技术服务市场不发达。页岩气有利区矿权多与已登记常规油气矿权重叠，常规油气矿权退出机制不完善，很难发挥页岩气独立矿种的优势，通过市场竞争增加投资主体，扩大页岩气的有效投资。由于勘察主体少，竞争不足，出现部分区域内"占而不勘"现象。此外，页岩气技术服务市场也不发达，不利于通过市场竞争推动勘探开发技术及装备升级换代，实现降本增产。

（4）国际传统油气价格的下降，使得页岩气市场开拓难度增大。中国经济增长速度正在放缓，国际石油、煤炭等传统化石能源价格的下跌，使得天然气竞争力在下降，消费增速明显放缓。与此同时，国内天然气产量却在稳步增长，而中俄、中亚、中缅及液化天然气等一系列天然气长期进口协议也在陆续签订，未来天然气供应能力大幅提高。由此带来的问题是，在天然气供应总体上较为充足的环境下，成本较高的页岩气不仅与传统化石能源相比竞争力下降，而且与常规天然气相比竞争力也下降，页岩气的市场开拓难度增大。

（5）设施落后，主干管网系统不完善。部分地区出现天然气输配管网不发达、天然气调配和应急机制不健全、储气能力建设滞后等问题，这对页岩气大开发及利用是很大的隐患。

二、 中国政府面对挑战或解决问题的途径

面对挑战，国家能源局提出页岩气发展"十三五"重点任务如下。

（1）大力推进科技攻关。要求根据中国国情，攻克页岩气储层评价、水平井钻完井、增产改造、气藏工程等勘探开发瓶颈技术，加速现有工程技术的升级换代。页岩气攻关技术主要涉及：页岩气地质选区及评价技术、深层水平井钻完井技术、深层水平井多段压裂技术、页岩气开发优化技术、开采环境评价和保护技术等领域。

（2）分层次布局勘探开发。对全国页岩气区块按重点建产、评价突破和潜力研究三种不同方式分别推进勘探开发。

（3）加强国家级页岩气示范区建设。确定长宁-威远、涪陵、昭通和延安四个国家级页岩气示范区，试验并建立起高效的管理模式，试验并完善页岩气开发技术，示范适

用的体制机制。

（4）完善基础设施及市场。根据页岩气产能建设、全国天然气管网建设以及规划情况，支持页岩气接入管网或就近利用。鼓励各种投资主体进入页岩气销售市场，逐步形成以页岩气开采企业、销售企业及城镇燃气经营企业等多种主体并存的市场格局。

（5）建立保障体系。包括建立页岩气勘察评价数据库、支持页岩气关键技术攻关、引入各类投资主体、鼓励合资合作和对外合作、加大政策扶植等。

本章小结

本章对中国页岩气发展战略进行了研究，从中可以看到，第一，一系列勘探数据已经表明，中国是一个页岩气资源非常丰富的国家，页岩气资源的开发将对中国的能源安全、环境保护带来福音；第二，中国页岩气资源开发是在政府的发展规划和一系列政策的引导下推进的，其进展速度与成效大大快于其他发展中国家；第三，中国页岩气发展中面临不少挑战或存在一些问题，政府正在通过新的规划和政策、通过完善市场竞争机制加以应对。像国家改革发展委员会设立自由贸易试验区那样，国家能源局在页岩气区块设立示范区，期望通过示范区的先行先试，在开发技术、管理体制上有所突破、有所创新，为全国其他开发区作出示范。这一做法具有中国特色，值得其他国家借鉴。

当然，我们也应该看到，虽然页岩气蕴藏量丰富，作为天然气被视为清洁能源，但其依然属于化石能源，随着不断开发也会有所减少，不可再生。在大力开发页岩气的同时，对可再生能源的研究、开发依然需要继续推进。

第六篇

评述与建议

第十一章

世界各国页岩气发展战略评述及效果分析

页岩气的开采历史最早可以追溯到 19 世纪 20 年代美国工业革命时期,但页岩气真正意义上的商业性大规模开采却是从 21 世纪初开始的。油价的上涨推动石油公司油气资源勘探的迫切性和积极性,随着新油气田不断被发现,储量持续增加;这时期全球气候会议对低碳排放的要求,促使包括非常规天然气在内的清洁能源资源受到重视,2007 年水力压裂开采技术的突破,使得经济性开采页岩气成为可能;而政府发展战略的制定,税收减免政策的实施,以及财政补贴的支持,为页岩气的大开发创造了条件。

第一节　　世界各国页岩气发展战略评述

本书对世界主要地区页岩气发展战略进行了研究,发现由于世界各地地质结构的差异,使得页岩气资源在各地区分布不均,开采难度也不一;尽管如此,无论是发达国家还是发展中国家,凡确认或听说本领土拥有丰富页岩气资源的国家,都期望充分利用该资源。一些国家已经出台开发战略,并进行开发;一些国家正在积极准备,草拟规划;还有一些则处于资源勘探、论证阶段。

一、各国页岩气发展战略的异同

1. 北美地区

在北美地区,美国是最早将页岩气开发作为保障能源供给安全、创造就业、促进地方经济去推进的一个国家,加拿大次之,墨西哥紧随其后。这些地区国家的共同特点是都制定了页岩气开发规划;不同的是,美国起步早,技术已出现突破,从基础设施到法律法规,从政府推动科研、财政支持到鼓励中小企业投资的税收优惠,页岩气开发激励机制完备,实施条件充分。

加拿大主要由资源省政府在推进。加拿大境内很多盆地都拥有页岩气资源,最大的页岩区位于西部五个盆地,此外,东部地区也拥有页岩区。拥有页岩气资源的省(如不列颠哥伦比亚省、阿尔伯塔省)政府通过规划开发政策(如税收优惠政策)吸引石油公司前来勘探、开采,也通过引进外资、合作(如与中国石油企业合作)的方式进行开发,一些公司已经获得不菲的结果。

而墨西哥在页岩气的开发上比美国和加拿大起步要晚。墨西哥油气资源主要在墨西哥湾沿海和近海地带,页岩气资源储量还有待进一步勘探。墨西哥走的捷径是期望利用美国已有成果,首先开发与美国得克萨斯州和路易斯安那州接壤的墨西哥边境地区萨维纳斯(Sabinas)和布尔戈斯(Burgo)盆地的页岩资源,由于边境地区两边的页岩地质结构相似,开采技术相似,开采墨西哥一侧的规划将有利于吸引美边境页岩气开发的公司前来投资。为了创造有利的投资环境,墨西哥政府对能源体制进行了改革,打破国有企业的垄断,允许私营企业进入,油气区块对外招标,建设天然气管道设施,改革国家电力供应系统等。

2. 欧洲与欧亚地区

欧盟先后出台《能源2020》和《2050年能源路线图》,提出在基础设施上进行巨额投资,通过开发包括页岩气在内的清洁能源,以替代煤炭、石油等高碳排放燃料,提高能效,完善和统一能源市场,确保能源安全和环境保护。但是,具体到各成员方,在页岩气开采方面态度不一。

以法国为首的多个国家颁布页岩气开采禁令。法国将核能作为重点发展的新能源,通过法令禁止使用水力压裂技术勘探与开采油气,并撤销已经批准的开采许可。保加利亚政府也禁止使用水力压裂开采页岩气。捷克、比利时、荷兰、卢森堡因为国内环保人士大规模的抗议活动而暂时搁置页岩气开发计划。

但一些国家在页岩气开采上持积极态度。比如,波兰已经颁发上百个页岩气开采许可,鼓励对该资源的钻探与开发。英国从一开始禁止开采页岩气,后来解除了该禁令。乌克兰为俄罗斯的能源与政治控制,开发页岩气的积极性很高。

还有一些国家持限定条件下开发的态度。比如,德国和西班牙允许在环保的前提下使用水力压裂技术开发页岩气,并通过法律确定此原则。

俄罗斯与大部分国家不同,作为天然气生产大国,其担心的是北美和欧洲的页岩气开发将使天然气价格下降问题。为使这场"页岩气革命"不对本国能源经济前景造成重要影响,俄罗斯采取了以下策略。(1)油气出口地区多元化战略。这就是油气战略重心由西移往东面,加快与亚太地区的油气合作,特别是与中、日、韩三国的能源合作,俄罗斯认为中国是俄罗斯能源合作的主要目标。(2)加大东西伯利亚地区油气资源勘探力度。(3)进行大规模干线管道等基础设施的建设。(4)调整俄罗斯天然气工业公司对欧洲地区天然气供应的长期合同,降低天然气价格。

3. 拉美地区

拉丁美洲的页岩气资源很丰富,多个国家都拥有可观的技术可开采储量。但就整体而言,受制于资金、技术不足等因素,开发相对滞后。拉美国家主要通过进行能源体制改革,一定程度对外开放资源领域,通过吸引外资、合作开发方式进行开发。同时,也加强拉美地区国家之间的合作。

4. 亚太地区

亚太地区页岩气资源丰富,尤其是中国,页岩气资源储量世界第一。中国在页岩气开发上,首先确定页岩气发展的基本原则:坚持科技创新;坚持体制机制创新;坚持常规与非常规天然气开发的结合;坚持自营勘探开发与对外合作并举;坚持开发与生态保护并重。其次,确定页岩气规划目标。包括对全国页岩气资源潜力调查与评价;页岩气远景区和有利目标区的确定;页岩气生产应达到的产量:2020 年 $300 \times 10^8 \ m^3$,2030 年 $(800 \sim 1\,000) \times 10^8 \ m^3$;中国页岩气调查与评价等多个领域的技术标准和规范的确定。再者,落实页岩气产业鼓励政策。包括财政扶持和减免税收。

澳大利亚页岩气开发的主要政策是:(1)支持能源出口和外国能源企业进入;(2)在能源开采方面,实行能源税收优惠政策;(3)从联邦政府到各州及地方政府为开发能源进行基础设施建设。

一些国家领土面积不大,页岩气资源匮乏。比如,日本是一个油气资源禀赋匮乏的国家,日本的企业、能源融资部门与金融机构积极参与北美地区、亚太地区的页岩气开发,主要通过资本输入、对外直接投资、合资的方式参与。例如,日本三菱商事不仅主导加拿大不列颠哥伦比亚省科尔多瓦堆积盆地的页岩气开发计划,而且与墨西哥国家石油公司进行合作,参与邻近墨西哥的美国得克萨斯州的页岩气开采项目,此外还获得澳大利亚西部金伯利地区一半页岩气勘探权。日本三菱东京 UFJ 等银行为三菱商事、三井物产、住友商事等日本企业在北美页岩气开发进行融资;住友商社向得克萨斯州的页岩油气田投资;日本金属矿物资源机构对加拿大页岩气开发进行资金支持;日本丸红株式会社和日本库页岛石油开发合作公司还与俄罗斯石油公司签订供应页岩气协议等。当然,日本企业和银行参与国外页岩气资源开发是为了追求利润,2015年后油气价格下跌迫使日本一些企业因亏损不得不暂时退出当地页岩气开发市场。

与日本相似,根据公布的数据,韩国也没有页岩气资源,面对能源进口占本国能源需求量90%以上,韩国希望与国外企业合作开采页岩气资源来解决本国的能源需求。2012年后韩国与加拿大就共同开发不列颠哥伦比亚省西海岸页岩气资源签订协议,一些企业也参与了北美地区页岩气开发基础设施建设工程。

二、 各国政府鼓励页岩气开发的措施

1. 北美地区

页岩气发展离不开政府的大力支持,从美国看,联邦政府的支持主要体现在以下方面。(1)立法保障。比如,《天然气政策法》将页岩气、致密气、煤层气统一规划为非常规天然气,确立天然气行业的监管框架,以及对非常规天然气开发的税收和补贴政策。(2)设立开发项目。比如,启动《东部页岩气项目》,通过与私营公司之间的合作,改进页岩气开发技术,来提高气田产量。(3)联邦政府拨款建立专门的能源研究机构——天然气资源研究所,不仅每年为该机构的研究工作拨款、增加预算,而且邀请多所大学、研究机构和私营企业加入研发中,将实验室的研究应用到实际开发中,由此促进技术突破。(4)实行税收抵免政策。逐步取消页岩气价格控制,实行页岩气税收抵免政策,制定受益行业规则等。(5)确立清洁能源天然气发展规划。对实验室技术转换成企业技术即科技成果转换加大投资,对开发节能技术进行投资,提高照明产品质量。(6)加强北美自由贸易区成员国之间的合作。通过合作,实现能源技术创新。总之,美国政府通过立法保障、研发投入、政策支持,促使页岩气开采技术取得进展。

加拿大政府在页岩气开发中也发挥了积极的引导和支持作用。主要表现在以下方面。(1)规范油气开采行为。通过颁布《加拿大石油和天然气操作法》,设立石油和天然气委员会,确立政府在环保方面的职责,监督油气企业在勘探、开发、运输中可能

出现的油气污染、乱开乱采等问题,协调各生产环节,建立问责制度和"污染者付费"原则。(2)建设经济而有效的基础设施。(3)实现补贴等优惠政策。长期以来,加拿大的管道天然气输往美国,从美国进口液化天然气,美国页岩气大开发使得加拿大液化天然气净进口增加,本国页岩气开发的动力受到影响。加拿大政府决定改变这一现象,鼓励发展液化天然气,实现天然气出口地的多元化。一些资源省如不列颠哥伦比亚省成立了天然气开发部,负责实施液化天然气战略。为了支持该项目,从联邦政府到不列颠哥伦比亚省政府将液化天然气固定资产的资本成本补贴率从8%提高到30%,规定参与项目的企业可享受与天然气液化相关的设备的扣减,允许投资液化天然气的企业更快回收投资。

墨西哥政府在页岩气开发中的作用主要表现在以下三个方面。(1)改革能源体制。结束长期以来国有企业在油气供应以及发电各方面的垄断,开放市场,鼓励竞争,允许私人投资能源领域。(2)强化政府监管职能。强调页岩气开发的可持续发展和环境保护。(3)建设油气基础设施。允许墨西哥国家石油公司优先选择并申请有意勘探和开采的油气田,剩余区块面向私营部门(包括外资)开放。

2. 欧洲与欧亚地区

在波兰,页岩气发展战略成为政府实现本国能源安全的重要途径,波兰较早加入美国领导的全球页岩气倡议,并通过发放开采许可证,开始页岩气的商业开采,其目标是到2035年实现能源的自给自足。英国也为公司颁发页岩气开采许可。土耳其则在积极勘探本国页岩气资源,并在国际上寻找合作伙伴,期望引进外资和技术,合作开发本国页岩气资源。乌克兰发布页岩气开采许可,鼓励国际跨国公司到乌克兰投资。

3. 拉美地区

阿根廷和巴西是拉美主要的页岩气资源分布地。这些年为开发页岩气,主要采取的措施包括以下几点。(1)调整能源政策。比如,巴西和哥伦比亚成功地调整了能源政策,一定程度地对外开放能源领域。(2)引进外资。巴西政府将最大的盐下层石油区块对外进行招标,吸引中国等国的石油公司前去竞标。(3)合作开发。比如,阿根廷国有企业YPF公司与美国陶氏化学公司签署协议,共同开发Vaca Muerta页岩区块;阿根廷布利达斯石油公司与中国海油合资成立公司,投资开发瓦卡姆尔塔页岩区块。巴西与日本在能源及基础设施建设、深海油田开发方面进行合作。通过合作开发解决资金和技术不足问题,提升油气开采和加工能力。(4)调整贸易出口。将亚洲市场作为重点油气消费市场。

此外,古巴、委内瑞拉、尼加拉瓜、阿根廷和巴西各国通过与俄罗斯建立双边战略伙伴关系,引进俄罗斯企业参与本国油气的开采。拉美各国之间也进行页岩气开发合作。比如,委内瑞拉和巴西合资启动页岩气勘探项目,对位于委内瑞拉一侧的页岩气区块进行开发。

4. 亚太地区

中国政府主要通过"十二五"规划和"十三五"规划来推进页岩气发展,具体措施包括:建立研究机构,攻克页岩气开发技术难关;出台中央财政补贴政策,支持页岩气开发利用的企业;鼓励国有企业与地方企业进行合作,合资开发页岩气;加大页岩气发展相关政策的扶植力度,创造产业发展的良好外部环境;以税收优惠的条件吸引国外投资者前来中国投资,以技术折股方式鼓励外国投资者向中国转移开采技术;加强监督管理,防止页岩气开采中可能对环境带来的破坏;建设天然气管道,提高基础设施能力等。

第二节　页岩气发展战略的成效与影响

21世纪初以来,尤其是2007年以来,发源于美国的页岩气开发热潮,促进了世界天然气探明储量、生产量、消费量的增加,推进了能源技术的进步,能源价格近年逐步下跌。此外,一些国家的能源自给率、就业率提高,地方收入增加。

一、世界天然气探明储量、产量、消费量增加

根据英国石油公司(BP)统计数据,自2005年以来到2015年天然气各项指标都出现显著甚至快速增长势头。图11－1显示的是世界和各地区天然气储量变化情况,从

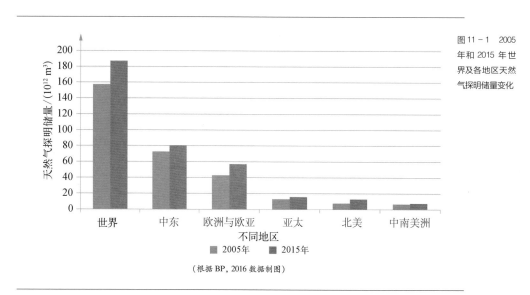

图 11－1 2005 年和 2015 年世界及各地区天然气探明储量变化

（根据 BP, 2016 数据制图）

中可见,2015 年世界天然气探明储量比 2005 年增加 29.6×10^{12} m³,各地区已探明储量都有所增加。当然与北美等其他地区页岩气非常规天然气勘探新发现不同,中东依然是常规天然气探明储量最为丰富的地区。

从天然气生产情况看,2005 年世界天然气生产 2.7909×10^{12} m³,2015 年达到 3.5386×10^{12} m³,增加 7477×10^8 m³。从各地区看,除了欧洲与欧亚天然气产量有所下降外,其他地区的产量都有所增加,其中北美地区增长 31.1%,亚太地区增加 47.7%。从国别看,美国增长 50.1%,中国增长 170.6%（图 11－2）。

从天然气消费看,世界天然气消费从 2005 年的 2.7743×10^{12} m³增加到 2015 年的 3.4686×10^{12} m³,增加了 25%。除了欧洲与欧亚地区消费有所下降外,其他地区都有所增加,其中北美地区增长 23.2%,亚太地区增长 70.7%（图 11－3）。

联系前面各章使用的页岩气探明储量、生产、消费情况,可以认为,页岩气的发展战略扩大了天然气探明储量、供给量与消费量。

二、 就业岗位增加且失业率下降

页岩气的开发从勘探钻井到基础设施建设,从开采到运输、加工、销售,都会增加

图 11 - 2
2005—2015
年世界及各
地区天然气
产量变化

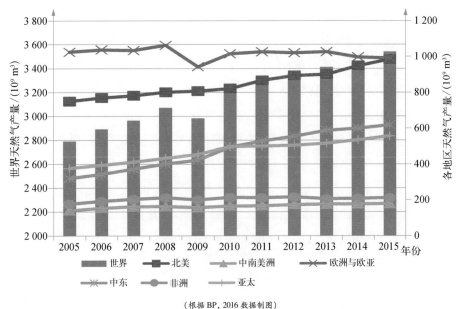

（根据 BP, 2016 数据制图）

图 11 - 3
2005—2015
年世界及各
地区天然气
消费变化

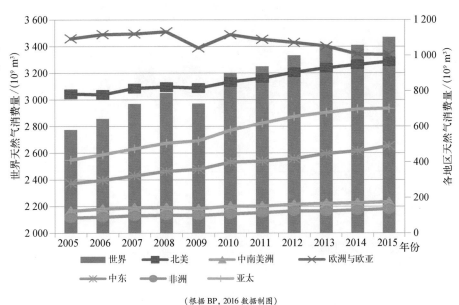

（根据 BP, 2016 数据制图）

就业岗位。2009 年经济危机后不少国家陷入失业率高企状态,以美国为例,2010 年 10 月全国平均失业率高达 10.1% ,一些州的失业率更为严重。为此,这时从联邦政府到地方政府推进的页岩气大开发在创造就业方面有着积极意义。图 11－4 显示的是美国进行页岩气开发的主要州在石油和天然气开采业内就业人数增长情况,从图中可见,全国石油和天然气开采就业人数 2015 年比之 2012 年增长近 12% ,除俄亥俄和路易斯安那两州外,其他各州都有所增加。进一步查看俄亥俄州,2013 年该领域岗位减少上千人,但 2014 年和 2015 年均同比有所增长,只是未超过 2012 年的就业人数。从美国全国失业率看,到 2016 年 11 月已经下降到 4.9% 。虽然危机期间美国政府推出的不少政策在经济复苏、失业率下降上也发挥了一定的作用,但鼓励页岩气大开发,不仅给得克萨斯、宾夕法尼亚、俄克拉何马、西弗吉尼亚、北达科他等州地方政府带来税收收入,也给当地居民创造了就业岗位,带来了消费需求。

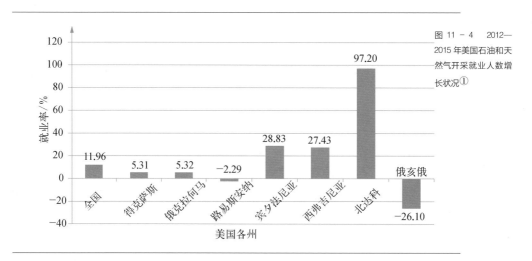

图 11－4　2012—2015 年美国石油和天然气开采就业人数增长状况①

三、 国际天然气价格下降

图 11－5 显示的是国际天然气价格自 2005 年至 2015 年变化状况。从图中可见,

---

① 根据 United States Department of Labor 数据制图。

图 11 - 5
2005—2015
年国际天然
气价格变动
状况

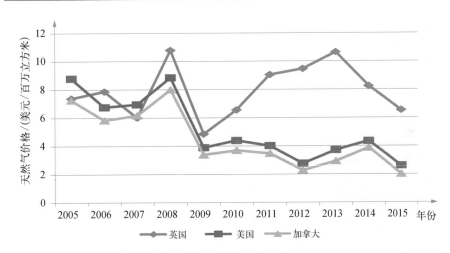

注:"英国"是指"和仁国家平衡点指数"(Heren NBP Index)的天然气价格;"美国"是指"亨利中心"(Henry Hub)的
天然气价格;"加拿大"是指阿尔伯塔的天然气价格。

(根据 BP, 2016 数据制图)

第一,北美地区页岩气大开发使得美国和加拿大的天然气价格大大低于英国的天然气
价格;第二,北美地区天然气价格呈下降趋势。燃料价格的下降无疑对产品制造商而
言是福音,因为它可降低生产成本,增加产品的竞争力。

四、 一次能源消费结构中清洁能源消费比重上升

图 11 - 6 显示的是 2005—2015 年世界一次能源消费量变化状况。2005 年世界一
次能源消费量为 106.24 亿吨油当量,到 2015 年已经增加到 131.47 亿吨油当量;其中
天然气消费从 25.12 亿吨油当量增加到 31.35 亿吨油当量,在一次能源中的比重从
23.65% 增加到 23.85%;包括天然气、核电、水电、可再生能源消费在内的清洁能源消
费从 38.06 亿吨油当量增加到 49.76 亿吨油当量,在一次能源消费中的占比从 37.67%
提高到 47.59%。

虽然 10 年中世界天然气消费在世界一次能源消费结构中占比仅增加 0.2 个百分

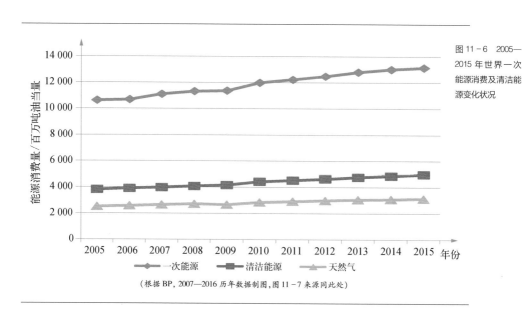

图 11-6 2005—2015 年世界一次能源消费及清洁能源变化状况

（根据 BP，2007—2016 历年数据制图，图 11-7 来源同此处）

点,但如果考虑各地区清洁能源发展战略的不同,比如北美页岩气大开发之时,拉美的巴西在致力于生物质能的发展,亚洲的中国在大力发展风能和太阳能等新能源,那么单以世界总量指标来分析页岩气开发的影响就有失客观。为此,这里取页岩气开发主要地区北美的数据进行考察。

图 11-7 显示的是北美地区天然气消费和清洁能源消费及在一次能源消费结构中的比重,从图中可见,无论是绝对值还是相对值都在提高。2005 年,北美地区天然气消费为 7.02 亿吨油当量,到 2015 年已经达到 8.81 亿吨油当量,其在一次能源消费结构中的比重从 24.9% 提高到 31.5%;由此推动同期清洁能源消费量从 10.6 亿吨油当量增加到 13.3 亿吨油当量,在一次能源消费中的占比从 37.7% 提高到 47.6%。

五、 世界能源格局改变

从美国境内兴起的页岩气大开发,正在向世界各地扩散,页岩气开发将使世界能源格局和地缘政治发生变化。从美国看,天然气产量的提高,使得油气进口依赖度降低。图 11-8 显示的是自 1970 年以来美国原油出口量与进口依存度变化情况,从图中

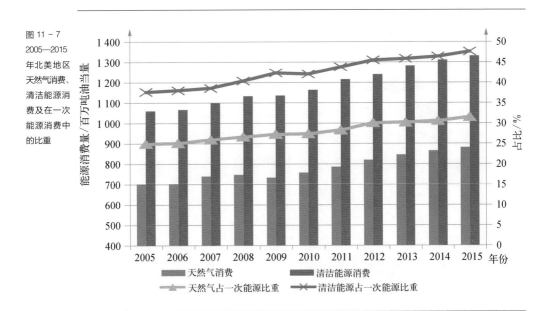

图 11 - 7 2005—2015 年北美地区天然气消费、清洁能源消费及在一次能源消费中的比重

图 11 - 8 1970—2015 年美国原油出口量与进口依存度变化①

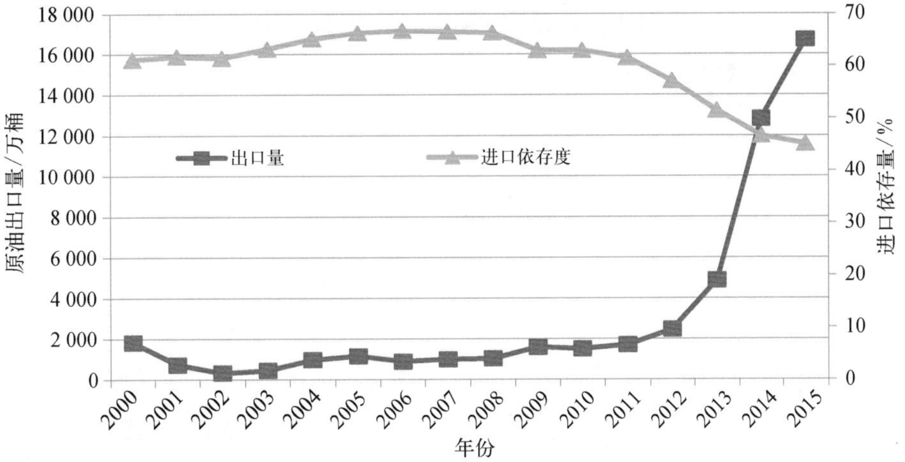

可见,2007 年以来美国原油出口在持续增多,从 1 000.6 万桶增加到 2015 年的 1.67 亿桶;与此同时,原油进口依存度从 2006 年达到最高点后逐步下降:2000 年为

---

① 根据 U. S. Energy Information Administration 数据计算制图。

61. 11% ,2006 年为 66. 65% ,2015 年下降到 45. 07% 。

照此趋势,美国最终将实现能源的自给,并成为净出口国。美国在能源领域的话语权将进一步提高,其处理中东事务上将有更大的灵活度,长期以来的中东政策也会发生变化。美国的全球战略已经在从控制中东、保障能源供应安全,调整到重返亚太、遏止中国崛起势头,并最终保障美国最大经济利益上。而俄罗斯与中东地区在世界能源版图的地位将随着美国等国的页岩气开发发生变化,更多国家将掌握新能源的开发技术,通过资源开发逐步提高本国能源自给能力。

六、 能源来源多元化

与石油分布较为集中于中东不同,页岩气有着广泛的分布,除了美国外,中国、加拿大、澳大利亚、俄罗斯、南美、非洲等国家和地区的页岩资源也极为丰富,因此,主要能源进口国(比如日本)未来油气进口不必集中于中东,还可以来自美国、加拿大、澳大利亚、俄罗斯等国。

第三节　　页岩气开发面临的主要挑战及采取的措施

虽然页岩气的开发前景一片光明,但目前除了美国在页岩气开发领域技术比较完善外,不少国家因缺乏技术或各种必要条件,页岩气开发还处于起步或勘探阶段,一些国家正在规划或对外招标之中,更多国家没有任何开发计划。

一、 页岩气开发面临的主要挑战

总结页岩气开发面临的挑战或问题,主要有以下几个方面：开发成本过高；开采技术未掌握;环境条件受限;废气废水处理成本很大;基础设施落后等。

1. 开采成本过高

虽然页岩气已经成为在技术性上可开采的资源,但由于各地页岩地质结构不同,开采难度不同,成本也就不同,而强调环境保护因素进一步增加开发成本。比如,同是北美地区,在美国科罗拉多页岩区钻探一口井不到 35 万美元,但在加拿大蒙特尼页岩区就需要(500~800)万美元,而霍恩河流域则超过 1 000 万美元。欧盟页岩气开发的生产成本是美国的 2~3 倍,美国每百万油当量生产成本约 3~7 美元,欧盟达 8~12 美元。此外, 钻探成本和运营费用也在上升。例如,澳大利亚钻探海上井,2012 年平均每口井钻探成本 600 多万美元,2013 年上升到 1 亿多美元;澳大利亚西部海域的埃克森美孚的高庚天然气项目,2009 年运营费用为 370 亿美元,2012 年飙升到 540 亿美元。

对于发展中国家而言,如果没有政府补贴政策,要想勘探、开发页岩气资源十分困难。比如,中国每口井成本高达 1 600 万美元,虽然政府对页岩气每平方补贴0.40元,但不足以填补企业资金缺口。由于建产投资规模大,中小企业缺乏投资热情。巴西近年经济增长速度放缓,政府难以通过补贴来维持页岩气勘探工作,为此那里的页岩气勘探和开发只能通过对外招标的途径来进行。

2. 环境污染问题

虽然页岩气属天然气,使用中的碳排放量低于石油,但现有的开采技术需要注入高盐或化学药剂,由此废水处理成为一个问题。目前许多国家都参加了《巴黎气候协定》,这些国家一方面希望通过开发页岩气降低碳排放,但另一方面又担心大量开采对当地环境可能带来的污染问题,为此,页岩气的开发战略与一系列的环保立法联系在一起。比如,法国通过立法禁止使用水力压裂技术;美国通过严格立法规范操作和开采程序来避免污染问题。

3. 技术问题

目前北美页岩气开采技术——水力压裂技术需要使用大量的水,在人口众多且比较干旱的地区开采页岩气,或难以满足其供水需求,或者为满足其供水条件影响到当地居民用水及其他行业的用水。比如,墨西哥东北部最先钻井,但那里缺水问题成为页岩气开发的一大阻碍。从水力压裂技术的适用性看,欧盟地区页岩气田结构与北美的十分不同,黏土含量和超压性使得北美开采技术不能全部应用。北海拥有最具潜力的页岩气盆地,但在海面上开采页岩气的技术又不成熟。而世界不少地方页岩气埋深超过 3 500 m,深层开发技术还未掌握,技术条件阻碍了页岩气开发规模的扩大。因此,上述技术问题需要针对不同地质结构的开采技术进行突破。

4. 基础设施建设不足

欧盟国家缺乏完善的基础设施和页岩气服务公司,页岩气开发企业只能依靠自己提供相关服务,由此提高企业的生产成本,降低营业利润。天然气钻井机与陆地钻井机较为缺乏。

对于不少发展中国家而言,设施建设滞后,页岩气开发受到现有基础设施条件约束,而大规模建设道路、管道需要投入大量资金、技术和人才,而这些又是其缺乏的要素。比如,乌克兰期望引进外资开发页岩气,但国外不少公司因为该国基础设施落后、政府腐败严重以及天然气出口限制等因素而不愿到那里进行投资。在中国,天然气输配管网在一些地区不发达,天然气调配和应急机制不健全,主干管网系统不完善,从而影响到页岩气的开发及利用。

5. 能源体制问题

例如,墨西哥国有企业垄断能源领域,包括天然气的勘探、开发、生产及供电各领域。中国页岩气勘探开发竞争不足,页岩气矿权与常规油气矿权重叠,页岩气技术服务市场也不发达,这些都不利于通过市场竞争推动勘探开发技术及装备升级换代,实现降本增产。

6. 油价的下跌

近年来,一方面页岩气大开发,能源供应增多;另一方面,一些地区的经济增长速度放缓,能源需求下降,从而导致油气价格下降,投资页岩气行业的企业利润下降或出现亏损。此外,国际石油、煤炭等传统化石能源价格的下跌,也使天然气竞争力下降。

7. 环保人士的反对

这方面在欧盟最为突出。欧盟是环保运动的发源地,绿党是在环保运动中产生的一个政党,在欧洲议会和欧盟一些国家的议会都有席位,民间也有不少环保组织,民众的环保意识十分强烈。"政-产-学-研"模式使得页岩气开采技术不断进步并趋于成熟,开采成本的下降吸引了众多私营公司开发的热情,但环保人士认为页岩气开发会带来环境问题,反对页岩气的开发,并组织了示威游行向政府施压,因此给欧盟及其成员政府的决策造成压力。

8. 资源民族主义思潮等

这方面拉美地区比较突出。比如,阿根廷和巴西等国拥有丰富的页岩气资源,政府希望通过引进资金来解决开发经费短缺的问题,但国内政治力量要求实现资源国有化,限制外来投资者,当政者也不愿受到向外来资本出卖国家财富的指控和攻击。21世纪初以来,委内瑞拉、厄瓜多尔、玻利维亚等国能源国有化政策进行调整,对私营企业和外国企业的进入强加了许多新的条款。这些都影响到这些国家页岩气的开发。

此外,拉美地区页岩气的开发涉及原住民问题。比如,秘鲁和厄瓜多尔多次发生印第安人抵制油气开发的暴力冲突事件,厄瓜多尔多的印第安人起诉雪佛龙石油公司环境污染,使得外资公司的开发面临困境。

二、 各国政府采取的措施

目前各国政府面对页岩气开发中存在的问题主要通过以下措施来解决。

1. 政府补贴或税收减免

同美国一样,中国等国家实施新能源开发补贴政策,通过政策推进企业能源转换、替代、并网。

2. 规范开采操作和环境立法

在财政、开采许可以及社会环境上,制定一套监管制度。建立适当的法律,负责水的管理,制定高技术标准,加强行业透明度,通过建立未来行业环保表现能够被测度的底线,建立一个协调的、在关键环境方面实行全面监管的框架,建立适当报告和监察制度。

例如,加拿大实行行业自律制度,由行业组织规定操作标准。生产商协会发布开采技术的指导原则和作业手册,要求运营商自觉遵守规则,承诺保障区域地表、地下水资源质量和数量,尽可能采用回收水再利用,减少对环境的影响。

3. 推进科技攻关

美国政府加大科研经费的投入,政-研-企组成的研究团队对技术难点进行钻研,并与企业的实践结合在一起,从而在开采技术方面获得突破性进展及改善,使成本不断下降。

中国政府在页岩气开发上作出规划,中央财政拨款,大力推进科技攻关(包括技术难关和设备难关)。要求根据中国国情,攻克页岩气储层评价、水平井钻完井、增产改造、气藏工程等勘探开发瓶颈技术,加速现有工程技术的升级换代。技术攻关主要涉及页岩气地质选区及评价技术、深层水平井钻完井技术、深层水平井多段压裂技术、页岩气开发优化技术、开采环境评价和保护技术等领域。此外,中国正在与加拿大进行能源合作,将引进加拿大在清洁能源领域的先进技术。

4. 改革能源体制

墨西哥通过改革能源体制,允许包括私营企业资本、外资等各种投资主体进入页岩气开发和销售市场,增加市场竞争,扩大页岩气领域的有效投资,逐步形成以页岩气开采企业、销售企业及城镇燃气经营企业等多种主体并存的市场格局。

中国力图通过放开能源领域的垄断,增加勘察和投资主体,促进竞争。中国确定长宁-威远、涪陵、昭通和延安四个国家级页岩气示范区,试验高效的管理模式,完善页岩气开发技术,示范适用的体制机制。建立可持续发展的保障体系,包括建立页岩气勘察评价数据库、支持页岩气关键技术攻关、鼓励合资合作和对外合作、加大政策扶植等。

5. 通过引进外资或私人资本来完善基础设施

比如,墨西哥设法通过向投资者提供致密石油区块和页岩气区块招标、合作开发形式吸引外资加入本国的基础设施建设和油气田开发中;同时放松外籍专业技术人员在墨西哥工作年限的限制来吸引国外技术人员前来工作。

本章小结

本章对世界各国页岩气发展战略进行了总结,考察的国家可以分为四类:第一类,有丰富页岩气资源、开发规划以及开发技术的,如美国、加拿大、澳大利亚;第二类,有丰富页岩气资源、开发规划,但开发技术不成熟、正在技术攻关的研究之中,如中国;

或者有丰富页岩气资源、政府期望开发,但受制于技术、资金、人才匮乏,政府通过对外招标、合作开发的方式进行开发,如墨西哥、巴西等;第三类,有页岩气资源、资金、技术或获取技术途径,但是否开发区域内争论很大,如欧盟国家;第四类是没有页岩气资源,但有资金,通过对外投资,合作开发他国资源,如日本。

在页岩气开发中起步较早的是第一类国家,政府鼓励页岩气开发的主要手段是:拨款成立专门的研究机构,进行技术攻关;获得技术突破后,以税收优惠等政策引导企业进入页岩气行业。有许多经验或做法值得中国借鉴学习。

第二类国家为新兴经济体大国,其中,中国经过三十多年的改革开放,已经积累起雄厚的资金、培育起一支科技人才队伍,正在构筑科技创新体系。中国通过页岩气"十二五"规划和"十三五"规划,进行科技攻关,2014年已经在页岩气开采核心技术上获得重大突破。虽然中国地质结构复杂,对超深井的开采技术还在进行攻关,但中国利用其体制优势,将在不远的未来掌握在本土开采的各项技术。墨西哥和巴西虽为新兴经济体大国,但近年经济速度放缓,期望通过引入私人资本和外来资本及技术来解决资金和技术问题。这一做法也同样值得中国借鉴。

从各国页岩气开发效果看,无疑美国的页岩气开发是比较成功的,其他国家还面临着各种问题。

总结美国页岩气发展战略成功的经验主要有四点。第一,路径清晰。页岩气发展战略通过白宫规划、国会立法、政-产-学-研合作的路径加以推进。第二,科研与企业利益和实践密切结合。政府投资建立的研究机构的研究内容始终与企业的利益结合在一起,研究成果通过实践不断完善和成熟,最终带来突破性进展,页岩气以企业盈利的方式生产出来。第三,政府政策的支持。从加大科研经费的投入,到实施新能源开发补贴政策,通过政策推进企业能源的转换、替代、并网。第四,国际能源价格上升背景。能源价格上升为页岩气的大开发提供了可能,吸引了一个又一个企业进入大开发中,当能源价格下跌时,已经开发并收回投资成本、技术完善的企业生存下来,而后进入的、技术还不完善的企业被淘汰,由此通过自然淘汰,使得美国页岩气企业在国际市场上比其他国家的能源企业更具有竞争力。

第十二章

中国页岩气发展
战略的建议

2011 年中国将页岩气列为第 172 个新矿种。从"十二五"规划到"十三五"规划,政府相继出台页岩气发展五年规划,在勘探、开采领域加大科技攻关力量,在开发利用领域加大支持力度,中国页岩气产业从起步到规模化商业开发已经取得显著进展。从前面章节中我们看到,中国页岩气发展依然面临着严峻挑战,本章从政府、行业、企业三个层面对中国页岩气发展战略提出一些建议。

第一节　页岩气产业发展需要政府精准政策的制定及具体措施的实施

所谓"精准政策和措施"是指针对页岩气发展中存在的问题制定相应有效的政策,采取富有实效的措施。

一、实现技术突破的措施

比如,在页岩气超过 3 500 m 深核心勘探开发技术和装备尚未突破的现状下,为实现技术突破,政府可采取以下政策。

(1)科研攻关。通过财政拨款建立或委托专门的研究机构进行重大项目攻关,借鉴美国页岩气科研攻关的经验,研究机构(包括科研单位和高校研究机构)加强与企业合作,搭建"政-产-学-研"的合作体系和机制。

(2)引进先进技术。通过国家或产业之间的技术合作平台,攻克开采技术难关。比如,通过与美国、加拿大能源企业签订技术合作、生产或开发合作协议,引进这些国家的先进技术。

(3)海外招标。将一些区块划出,作为页岩气开发特区,以优惠的条件对外招标,进行开采,在开发中学习对方的技术。

(4)设立专项创新基金。支持能源企业开展页岩气勘探开发相关技术、装备研发工作。

（5）培养专业技术人才。在石油类大学设立专门的页岩气开发技术专业，或与国外高校、企业合作开办研究生层次的培训班；国家出国留学基金委将该专业划入重点外派专业，支持高校或研究机构派遣学生或技术员到国外学习或实习；能源企业可以通过对外投资页岩气田、与国外能源公司合作开发的途径，派遣员工到当地学习技术。

上述建议涉及国家的财政政策、外商直接投资政策、对外开放的特区政策、科技政策、国际教育合作政策以及出国留学政策对页岩气发展战略的具体支持。

二、 解决开采成本过大的措施

涉及页岩气开采成本过大问题，可以通过以下措施解决。（1）清洁能源财政补贴；（2）开发阶段税收减免政策；（3）打破垄断，允许非国有中小企业进入。

此外，管理体制和市场机制的改善也有利于降低成本。比如：针对目前页岩气有利区矿权多与已登记的常规油气矿权重叠，常规油气矿权退出机制不完善，难以发挥页岩气作为独立矿种的优势问题，可以通过改革矿权管理制度来解决。

有关页岩气市场机制不合理问题，可以学习墨西哥政府的能源改革，通过开放非常规天然气价格市场（包括出厂价、门站价），形成合理的市场价格。政府应充分考虑替代能源的政策含义，在最初推进企业新能源转换、替代、并网方面给予政策支持。

三、 页岩气开发环境保护措施

在页岩气开发中的环境保护上，政府应完善监管体系。（1）立法规范开采行为。通过制定《页岩气操作法》（或《石油和天然气操作法》），以法律的形式明确规定勘探开采页岩气中应遵守的程序，制定安全管理制度。比如，学习美国的做法，阐明采用水力压裂技术时化学药剂的管理及污水处理的规定，制定污染排放标准。（2）明确责任。学习加拿大的做法,实行问责制度和"污染者付费(或治理)"原则。(3)设立政府的监管机构。与当地环境部门合作,制定开发区环保标准;开设网站,定期公布检测结果,督促企业自觉遵守环保规则。

第二节　页岩气产业发展亟待行业技术和管理体制创新

中国页岩气发展战略的实施,除了政府应给予页岩气行业以积极扶植、支持外,页岩气行业本身应该建立起技术与管理创新体制。

一、加强页岩气勘探开发示范区建设

《页岩气发展规划(2016—2020年)》提出"进一步加强长宁-威远、涪陵、昭通和延安四个国家级页岩气示范区建设,通过试验示范,完善和推广页岩气有效开发技术、高效管理模式和适用体制机制等……增设国家级页岩气示范区"。这些示范区主要试验的是关键工程技术、高效管理模式、体制机制。具体而言,应该从投资模式、井场设计、施工作业程序,到装备和材料配置,进行技术创新和管理体制创新;尝试可复制可推广的技术、操作程序、管理体制,推广到有条件实施的气田。

二、建立页岩气行业的信息平台

信息内容包括勘探开发数据、页岩气地质理论和技术进展、气田创新管理经验介绍或总结、各开发公司施工环保测试状况等,通过该信息平台,实现信息共享和经验的传递,并督促企业遵守相关法律法规。

三、 制定行业自律规则

制定《页岩气行业自律规则手册》,不仅对页岩气整个开采过程中的操作进行规范,而且也对其后页岩气加工生产、运输、销售中的无污染流程、公平竞争原则加以规范。

四、 建立行业数据库

数据库的建立可以与高校、科研机构进行合作,也可通过建立或委托专门的服务咨询机构来承办。

五、 推动行业服务平台的搭建

为加速科技成果转化和推广,有必要建立页岩气行业技术转化与推广服务市场或技术成果交易市场,通过这一平台,将企业的科技成果推广到更多的企业,将高校科研成果与企业的实际需求连接起来。

六、 建立行业发展目标调整的滚动机制

从国家到企业制定页岩气发展规划,这些规划是否符合实际、是否应进行调整,行业组织应起到下情上传的桥梁作用。页岩气行业可充分利用其数据库,与研究机构、企业合作,对发展规划进行研究,通过行业月报、季报、年报的形式反映到上级主管部门,给予企业以调整目标的积极建议。

第三节　页岩气产业发展期待企业的技术创新和遵法自律

页岩气产业的发展不仅需要政府的支持、行业组织的督促,更需要能源企业自身的创新,包括技术、体制机制的创新。所谓技术创新是指将一种新的生产方式引入生产中,这种新方式可以是建立在一种新的科学发现基础上生产性的应用,也可以是以获利为目的经营某种商品的新方法,还可以是工序、工艺创新。对于页岩气行业而言,技术创新的主体是页岩气勘探开采、生产企业以及相关服务企业。要实现技术创新,页岩气企业需要做到以下几点。

1. 树立技术创新的主体意识

不仅企业上层领导或高级管理者应具有竞争意识,并以此为动力树立技术创新意识,而且企业的中层和基层管理人员、生产者也应该拥有这样的意识。

2. 构筑推动技术创新的氛围

为了营造企业的创新氛围,需要建立可推动员工进行创新的企业文化、企业组织系统、运行机制和管理方式。

3. 建立技术中心和技术创新队伍

企业可引进高校科研力量,共建页岩气开发技术中心,重视国内外人才引进,完善以技术中心为核心的技术开发和推广。

4. 完善考核监督机制

完善考核监督机制,建立企业人才激励机制。由此,从思想上、氛围上、机制上,塑造起企业的创新环境和创新体制。

页岩气企业应根据国家环境保护法律法规,在开采、生产、运输中自觉遵守操作规则,遵法自律,承担起企业在保护环境方面的社会责任。

由此,通过企业创新、行业自律、政府支持,加快中国页岩气发展战略目标的实现。

参考文献

［ 1 ］ American Petroleum Institute. Facts About Shale Gas, 2016 - 10 - 12. http://
www. api. org/policy-and-issues/policy-items/exploration/facts _ about _ shale _
gas.

［ 2 ］ Andrew Peaple. European Shale Gas is Still Hot Air, 2016 - 08 - 10. The Wall
Street Journal. June 1, 2011.

［ 3 ］ A Tallents. Analysis: An Update on Shale Gas in Europe, 2016 - 08 - 10. 石油·
天然ガスレビュー. 2012: 46.

［ 4 ］ BP. Recession Drove 2009 Energy Consumption Lower, 2016 - 08 - 10. http://
www. bp. com/en/global/corporate/press/press-releases/recession-drove-2009-
energy-consumption-lower. html.

［ 5 ］ BP. BP Statistical Review of World Energy, June 2001—2016 各年. http://
www. bp. com.

［ 6 ］ BP. Energy Outlook 2035, January 2014. http://www. bp. com/content/dam/bp-
country/zh_cn/Download _ PDF/Report _ BP2030EnergyOutlook/EO2035 _ Chinese_
Version. pdf.

［ 7 ］ BP Global. The shale revolution continues, 2016 - 12 - 12. http://www. bp. com/

en/global/corporate/energy-economics/energy-outlook-2035/shale-projections. html.

[8] BUREAU OF LABOR STATISITICS. Labor Force Statistics from the Current Population Survey, 18b, 2016 - 10 - 12. https：//www. bls. gov/cps/ lfcharacteristics. htm# occind.

[9] Central Intelligence Agency. World Factbook, 2011. https：//www. cia. gov/ library/publications/the-world-factbook/geos/ja. html.

[10] Chevalier J M. The New Energy Crisis：Climate, Economics and Geopolitics. New York：Palgrave Macmillan,2009：30.

[11] Chuck Boyer, Bill Clark, Rick Lewis, Camron K. Miller：全球页岩气资源概 况. 油田新技术,2011 年秋季刊：23(3).

[12] Comisión Nacional de Energía. Hidrocarburos Comisión Nacional deEnergí,2010. http：//www. cne. cl/cnewww/opencms/06_Estadisticas/energia/Hidrocarburos. Html.

[13] EAP. US Environmental Protection Agency, 2016 - 12 - 12. https：//www. epa. gov/laws-regulations.

[14] Easac. Shale gas extraction：issues of particular relevance to the European Union, 2015. http：//www. easac. eu/.

[15] EIA. World shale gas resources：an initial assement of 14 regions outside the United States, 2011. https：//www. eia. gov/.

[16] EIA. International Energy Outlook 2014. http：//www. eia. gov/forecasts/ieo/ pdf/0484(2014). pdf.

[17] Energy API. U. S. Oil Shale：Our Energy Resource, Our Energy Security, Our Choice,2016 - 08 - 10. www. api. org.

[18] Energy Economicst. com, 2016 - 10 - 12. http：//www. energyeconomist. com/ a6257783p/exploration/rotaryworldo-ilgas. html.

[19] Ernst & Young. Shale gas in Europe：revolution or evolution? Dec 5, 2011. http：//www. ey. com/gl/en/industries/oil-gas/shale-gas-in-europe—revolution- or-evolution.

[20] European Union Commission. Second Strategic Energy Directorate General for Energy and Transport, November 2008. http://ec. europa. eu/geninfo/query/ resultaction. jsp? swlang = en&QueryText = European + Union.

[21] gob. mx, Project of public policy for mandatory minimum stocks of gasoline, diesel, and jet fuel,2016 - 12 - 28. http://www. gob. mx/sener/en.

[22] Hodum R. Geopolitics Redrawm. The Changing Landscape of CleanEnergy. World Politics Review,2010 - 02 - 16. http://www. Worldpolitics review. com/articles/ 5128/geopolitics-redrawn-the-changing-landscape-of-clean-energy.

[23] IEA. Are We Entering A Golden Age of Gas. http://www. worldenergyoutlook. org/media/weowebsite/2011/WEO2011_Golden Ageof Gas Report. pdf.

[24] IEA. Worldwide Engagement for Sustainable Energy Strategies 2012,2012: 4. http://www. iea. org/.

[25] IEA. World Energy Outlook 2010. http://www. doc88. com/p-147577439354. html.

[26] IEA. World Energy Outlook 2014 Factsheet. http://www. worldenergyoutlook. org/media/weowebsite/2014/141112_WEO_Fact Sheets. pdf.

[27] IEA. Golden rules for a golden age of gas, 2011. http://www. iea. org/.

[28] IEA. Projected Costs of Generating Electricity[R], Paris, France, 2010. http:// www. iea. org/.

[29] IEA Unconventional Gas Forum, Unconventional Gas Database, Canada. http:// www. iea. org/ugforum/ugd/canada/.

[30] IEA. Mexico Energy Outlook 2016, World Energy Outlook Special Report. Special Report. http://www. iea. org/.

[31] JRC. Unconventional Gas: Potential Energy Market Impacts in the European Union. Table2 - 3, 2012. https: //link. springer. com/chapter/10. 1007/978 - 3 - 319 - 08401 - 5_1.

[32] Jude Clemente. Shale Gas in Europe: Challenges and Opportunities. USAEE Working Paper. No. 2142176, 2012.

［ 33 ］ Labor Force Statistics from the Current Population Survey. Annual Averages-Household Data-Tables from Emploment and Earnings, 2004—2013. http://www. bls. gov/cps/cps_over. htm.

［ 34 ］ Lieberthal K,Herberg M. China's Search for Energy Security: Implicationsfor U. S. Policy. National Bureau of Asian Research Analysis, April 2006,17(1): 13.

［ 35 ］ NAFTA Secretariat. North American Free Trade Agreement. https: //www. nafta-sec-alena. org/Home/Legal-Texts/North-American-Free-Tra.

［ 36 ］ National Energy Board, Canada. Canada Oil and Gas Operations Act. R. S. C. , 1985, c. O-7. http://laws-lois. justice. gc. ca/eng/acts/O-7/page-1. html.

［ 37 ］ National Energy Board, Canada. Canadian Environmental Protection Act, 1999. (S. C. 1999, c.33). http://laws-lois. justice. gc. ca/eng/acts/C − 15. 31/page − 1. html#h − 2.

［ 38 ］ National Energy Board, Canada. Energy Briefing Note, A Primer for Understanding Canadian Shale Gas. November 2009. http://www. neb-one. gc. ca/index-eng. html.

［ 39 ］ National Energy Board. Canadian Environmental Assessment Act, 2012. Purposes 4(1). http://laws-lois. justice. gc. ca/eng/acts/C − 15. 21/page − 2. html#h − 4.

［ 40 ］ National Energy Board, Canada. 2015 Propane and Butanes Exports, Export Summary. http://www. neb. gc. ca/nrg/sttstc/ntrlgslqds/rprt/prpnbtnssmmr/2015/smmry 2015 − eng. html.

［ 41 ］ National Energy Board, Canada's Pipeline Transportation System 2016, Figure 15: Canadian Natural Gas Export to the U. S. by Region. http://www. neb. gc. ca/nrg/ntgrtd/trnsprttn/2016/ppln-cpcty-eng. html#s31.

［ 42 ］ National Energy Board. Canada's Energy Future 2016: Update − Energy Supply and Demand Projections to 2040. http://www. neb-one. gc. ca/index-eng. html.

［ 43 ］ National Energy Board. Marketable Natural Gas Production in Canada. 24 January 2017. http://www. neb. gc. ca/nrg/sttstc/ntrlgs/stt/mrktblntrlgsprdctn-eng. html.

［ 44 ］ Natural Gas Demand and Supply − Long Term Outlook to 2030. 2007. http://

www. doc88. com/p － 1116637737658. html.

[45] PIRA Press Release Web (PRWEB). Energy Group Reports that the U. S. Is Now the World's Largest Oil Supplier. New York, 2013 － 10 － 15. http://www. prweb. com/releases/2013/10/prweb11233767. Htm.

[46] Sergii VAKARCHUK et al. Shale gas opportunities in Ukraine: geological settings, reserves assessment and exploration problems. August 2012. https: // www. researchgate. net/publication/273693073 _ Shale _ gas _ oppor tunities _ in _ Ukraine_geological_settings_reserves_assessment_and_exploration_ problems.

[47] Tallents. European gas supply & demand, and the outlook for shale gas, 2011.

[48] The Unconventional Gas Resources of Mississippian-Devonian Shales in the Liard Basin of British Columbia, the Northwest Territories, and Yukon, Energy Briefing Note. March 2016.

[49] United Mexican States. MX TF Carbon Capture, Utilization and Storage Development in Mexico: Combining CO_2 Enhanced Oil Recovery with Permanent Storage in Mexico, 2016 － 06 － 10.

[50] U. S. DEPARMENT OF ENERGY. Modern Shale Gas Development in the United States: An Update. September 2013. http://www. netl. doe. gov/File% 20Library/Research/Oil-Gas/shale-gas-primer-update-2013. pdf.

[51] U. S. Energy Information Administration. Annual Energy Outlook 2014: with Projections to 2040. http://www. eia. gov/forecasts/AEO/pdf/0383% 282014% 29. pdf.

[52] U. S. Energy Information Administration. Natural Gas, 2013 － 06 － 28. http:// www. eia. gov/dnav/ng/ng_sum_lsum_dcu_nus_a. htm.

[53] U. S. Energy Information Administration. Natural Gas Annual 2015. http:// www. eia. gov/.

[54] U. S. Energy Information Administration. Petroleum & Other Liquids. 2013 － 03 － 15. http://www. eia. gov/petroleum/.

[55] U. S. Energy Information Administration. Natural Gas, Price of U. S. Natural

Gas Imports, and Price of U. S. Natural Gas Exports. 2016 – 08 – 31.

[56] U. S. Energy Information Administration. PETROLEUM & OTHER LIQUIDS. http://www. eia. gov/dnav/pet/hist/LeafHandler. ashx？ n = PET&s = MCRIMUS1&f = A.

[57] U. S. Energy Information Administration. Europe Brent Spot Price FOB. http://www. eia. gov/dnav/pet/hist/Leaf Handler. ashx？ n = pet&s = rbrte&f = m.

[58] U. S. Energy Information Administration. Technically Recoverable Shale Oil and Shale Gas Resources：Australia, September 2015, Figure Ⅲ – 1. Australia's Assessed Prospective Shale Gas and Shale Oil Basins.

[59] Verrastro F, Ladislaw S.. Providing Energy Security in an Interdependent World. The Washingtou Quarterly, Autumn 2007,30(4)：96.

[60] WIKIPEDIA. 2016 – 11 – 10. https：//en. wikipedia. org/wiki/Windfall_ profits_ tax.

[61] World Energy Council. World Energy Insight 2012. 2012：9.

[62] Zgajewski, Tania. Shale gas in Europe：much ado about little？ Egmont Paper, No. 64, 2014.

[63] 艾德·克鲁克斯,露西·霍恩比. 中国成为新一代石油消费大国. 金融时报中文网,2013 – 10 – 17. http://www. ftchinese. com/story/001052956.

[64] 阿根廷确定首个页岩气开发项目. 中化新网,2013 – 04 – 09. http://www. ccin. com. cn/ccin/news/2013/04/09/259293. shtml.

[65] 安倍连访拉美5国　寻求扩大能源合作. 中国页岩气网,2014 – 09 – 17. http://www. csgcn. com. cn/news/show – 48945. html.

[66] 财经观察：墨西哥能源改革使清洁能源成为投资热点. 新华社墨西哥城,2016 – 04 – 25 电,新华社,2016 – 04 – 26. http://news. xinhuanet. com/2016 – 04/26/c_ 1118741066. htm.

[67] 从"拉美脚步"看中拉能源合作前景. 中国页岩气网,2014 – 07 – 18. http://www. csgcn. com. cn/news/show – 44564. html.

[68] 重庆页岩气"黔井1井"陷入资金困局已封井. 21 世纪经济报道. 网易财经,

2010 - 10 - 18. http://money. 163. com/13/1018/02/9BEGK3J000253B0H. html.

[69] 戴维. R. 马雷斯. 拉美的资源民族主义与能源安全：对全球原油供给的意义. 拉丁美洲研究,2011(2).

[70] 低价页岩气推升美企竞争力. 国家能源局网站,2013 - 08 - 14. http://www. nea. gov. cn/2013 - 08/14/c_132629739. Htm.

[71] 冯坚,周效政,顾震球. 张高丽代表中国签署《巴黎协定》. 新华网,2016 - 04 - 24. http://news. xinhuanet. com/mrdx/2016 - 04/24/c_135306687. htm.

[72] 董大忠,等. 中国页岩气发展战略对策建议. 天然气地球科学,2016(3).

[73] 富景筠. "页岩气革命""乌克兰危机"与俄欧能源关系——对天然气市场结构与权力结构的动态分析. 欧洲研究,2014(6).

[74] 高杰,李文. 加拿大油砂资源开发现状及前景. 中外能源,2006(4).

[75] 国家发展改革委员会,财政部,国土资源部,国家能源局. 关于印发页岩气发展规划(2011—2015). 发改能源[2012]612 号,2012 - 03 - 13. http://www. gov. cn/zwgk/2012 - 03/16/content_2093263. htm.

[76] 国家能源局. 页岩气产业政策. [2013 年第 5 号],2013 - 10 - 23. http://news. cnfol. com/chanyejingji/20140211/16943250. shtml.

[77] 国家能源局. 页岩气发展规划(2016—2020 年),2016 - 09 - 14. http://www. gov. cn/xinwen/2016 - 09/30/content_5114313. htm.

[78] 国际能源署. 世界能源展望 2012 执行摘要,2012(7).

[79] 国际原油期货价格趋势图(近 6 个月). 国际石油网,2016 - 02 - 25. http://oil. in-en. com/quote/.

[80] 中华人民共和国国土资源部网站. http://www. mlr. gov. cn/xwdt/jrxw/201302/t20130218_1181883. htm.

[81] 何一鸣. 日本的能源战略体系. 现代日本经济,2004(1).

[82] 黄晓勇. 世界能源发展报告 2015. 北京：社会科学文献出版社,2015.

[83] 简析墨西哥能源改革. 慈溪全媒体. http://www. 360doc. com/content/15/0226/22/20625683_451067345. shtml.

［84］金文.澳大利亚页岩气开发进展.石油知识,2013(6).

［85］解读中国石油企业的拉美机遇.中国页岩气网,2013－12－24. http://www. csgcn. com. cn/news/show－30763. html.

［86］经济合作与发展组织发展中心.联合国拉美经委会.2013 年拉丁美洲经济展望. 北京:知识产权出版社,2013.

［87］拉美公司油气产量连续五年稳步增长.中国页岩气网,2014－07－24. http:// www. csgcn. com. cn/news/show－44909. html.

［88］拉美能源概况.中国页岩气网,2014－06－20. http://www. csgcn. com. cn/ news/show－42768. html.

［89］拉美能源未来:开发页岩气是一条路.中国页岩气网,2014－06－20. http:// www. csgcn. com. cn/news/show－42767. html.

［90］拉美:页岩油气投资环境尚不明朗.中国页岩气网,2014－02－07. http://www. csgcn. com. cn/news/show－32699. html.

［91］拉美亟待开发页岩气应对市场竞争.中国页岩气网,2013－12－13. http:// www. csgcn. com. cn/news/show－30273. html.

［92］拉美地区改革迎来对外合作新高潮.中国页岩气网,2015－02－27. http:// www. csgcn. com. cn/news/show－57728. html.

［93］李盼.印度页岩气发展现状及勘探方法综述.四川地质学报,2014(3).

［94］李思默.美国国务卿和国土安全部长访问墨西哥　美墨关系能否回暖.央广网 北京,2017－02－23 电. http://news. k618. cn/society/201702/t20170223_ 10410646. html.

［95］李扬.非常规油气资源开发现状与全球能源新格局.当代世界,2012(7).

［96］林珏.美国的"页岩气革命"及对世界能源经济的影响.广东外语外贸大学学报, 2014,3(2).

［97］林珏.跨境经济合作模式比较研究.太原:山西经济出版社,2014.

［98］林珏.中国石油安全状况分析:2006—2008 年中国石油安全指标测度.亚太经 济,2010(2).

［99］林珏.中加能源安全与环保政策比较研究.内蒙古大学学报(哲学社会科学版),

2011（7）．

［100］林珏.2000—2012 年中加能源安全指标的测度及双边能源合作前景.国际经贸探索,2014（5）．

［101］林珏.中加能源安全指标的测度及双边能源合作的前景.加拿大发展报告（2014）（加拿大蓝皮书）（B.7）.上海：社会科学文献出版社,2014.

［102］林珏.2006—2015 年中加贸易互补性指标测度及两国能源合作.四川大学学报（哲学社会科学版）,2017（2）．

［103］刘丽丽.企业技术创新的意义及实现途径.百度文库.https：//wenku.baidu.com/view/4a620b30b90d6c85ec3ac670.html.

［104］罗涛.美国新能源和可再生能源立法模式.中外能源,2009（7）：19‐20.

［105］马静,李晓妹,姜琳.国外页岩气资源的开发和政策分析.现代矿业,2012（8）．

［106］美国的页岩气革命正改变着拉美能源格局.中国页岩气网,2014‐06‐04. http：//www.csgcn.com.cn/news/show‐41589.html.

［107］美国能源战略发展史对中国能源战略发展的启示.中外能源,2016‐05‐15. http：//www.bosidata.com/news/2780293IUP.html.

［108］美国页岩气革命带动墨西哥繁荣.国家能源局网站,2013‐08‐27.http：// www.nea.gov.cn/2013‐08/27/c_132666751.htm.

［109］孟小珂.巴黎气候变化大会达成历史性协定.中国青年报,2015‐12‐14.

［110］墨西哥清洁能源部门需要年投资额 50 亿美元.中华人民共和国商务部,2015‐12‐01.http：//www.mofcom.gov.cn/article/i/jyjl/l/201512/20151201197967. shtml.

［111］墨西哥开始开发页岩气资源.中国石化新闻网,2011‐08‐28.http：//news. gasshow.com/pages/20110828/093914984.html.

［112］墨西哥能源改革意义深远.金融时报中文网,2013‐08‐14.http：//www. ftchinese.com/story/001051974.

［113］墨西哥为何复制不了美国页岩气的成功.中国石油新闻中心,2016‐08‐01. http：//news.cnpc.com.cn/system/2016/08/01/001603105.shtml.

［114］墨西哥有望成为北美能源开发"新宠".中国高新技术产业导报,2014‐11‐24.

http://news. 10jqka. com. cn/20141124/c568600508. shtml.

[115] 普京拉美行布阵能源新棋局. 中国页岩气网,2014 - 07 - 24. http://www. csgcn. com. cn/news/show - 44859. html.

[116] 全球页岩气发展概况. 2013 - 03 - 15. http://blog. sina. com. cn/s/blog_9b81597f0101947k. html.

[117] 认识拉美油气合作环境的复杂性. 中国页岩气网,2013 - 11 - 12. http://www. csgcn. com. cn/news/show - 28043. html.

[118] 孙仁金,陈焕龙,吕佳桃. 印度尼西亚石油天然气开发管理与对外合作. 国际经济合作, 2008(8).

[119] 孙张涛. 世界页岩气开发现状及对中国页岩气合理勘探开发的建议. 国土资源情报,2015(7).

[120] 陶氏化学和 YPF 签署协议开发阿根廷页岩气. 中国行业研究网,2013 - 9 - 28. http://www. chinairn. com/news/20130928/105740145. html.

[121] 王龙林. 页岩气革命及其对全球能源地缘政治的影响. 中国地质大学学报(社会科学版), 2014(2).

[122] 王南,刘兴元,杜东,等. 美国和加拿大页岩气产业政策借鉴. 国际石油经济, 2012(9): 70.

[123] 王双. 拉丁美洲与加勒比地区可再生能源与可持续发展: 现状、挑战与前景//拉丁美洲和加勒比发展报告(2012—2013). 吴白乙. 北京: 社会科学文献出版社,2013.

[124] 王双. 国际能源变局下的拉美能源形势及其应对. 世界经济与政治论坛, 2014(1).

[125] 王四海,闵游. "页岩气革命"与俄罗斯油气战略重心东移. 俄罗斯中亚东欧市场,2013(6).

[126] 王晓梅. 俄罗斯能源战略调整与中俄能源合作. 国际经济合作,2015(4).

[127] 武正弯. 欧盟页岩气开发及对我国的启示. 中外能源,2013(1).

[128] 吴馨. 世界页岩气勘探开发现状. 资源与产业,2013(5).

[129] 吴西顺,孙张涛. 世界页岩气发展形势及政策分析. 中国矿业,2015(6).

［130］肖刚. 页岩气——沉睡的能量. 武汉：武汉大学出版社,2012.

［131］徐文钦. 日本人性格解析. 北京：华艺出版社,2013.

［132］杨亮整理. 中国页岩气发展现状. 中国经济网,2013 - 04 - 23. http://biz. xinmin. cn/2013/04/23/19895449. html.

［133］杨挺,孙小涛. 世界页岩气开发进度及存在问题. 现代化工,2013(1).

［134］杨文武. 印度经济发展模式研究. 北京：时事出版社. 2013.

［135］姚紫竹. 目前中国页岩气发展状态. 百度文库,2011 - 12 - 17. http://wenku. baidu. com/view/70abf90 a7cd184254b3535c5. html.

［136］页岩气革命推动拉美石化产业复兴. 中国页岩气网,2014 - 09 - 09. http:// www. csgcn. com. cn/news/show - 48120. html.

［137］页岩气资源分布概况. 中国煤炭新闻网,2012 - 11 - 04. http://www. cwestc. com/newshtml2012 - 11 - 4/266834. shtml.

［138］英国首相呼吁欧盟取消页岩气开发的繁琐环节. 中外能源,2014(3).

［139］英国将减免税收全力以赴开发页岩气. 中外能源,2014(5).

［140］英国认为页岩气是正常的能源选择. 中外能源,2015(12).

［141］YPF 和美国陶氏化学合作开发阿根廷页岩气. 国际燃气网,2015 - 12 - 29. http://gas. in-en. com/html/gas - 2373076. shtml.

［142］袁东振. 委内瑞拉：总统病逝增加政治变局风险//拉丁美洲和加勒比发展报告 (2012—2013). 吴白乙. 北京：社会科学文献出版社,2013.

［143］张凡. 世界页岩气勘探开发一览. 中国矿业报,2013 - 02 - 18.

［144］正视拉美能源国有化. 中国页岩气网,2013 - 11 - 08. http://www. csgcn. com. cn/news/show - 27891. html.

［145］中华人民共和国国家统计局. National data 国家数据. http://data. stats. gov. cn/ easyquery. htm? cn = C01.

［146］中华人民共和国国土资源部. 矿产资源. http://old. mlr. gov. cn/zygk/#.

［147］中华人民共和国商务部. 墨西哥主要产业,2014 - 07 - 20. http://www. mofcom. gov. cn/article/i/dxfw/nbgz/201407/20140700668012. shtml.

［148］中国或难以复制美式页岩气革命. 华尔街日报. 中国网,2012 - 10 - 24. http://

www. china. com. cn/international/txt/2012 - 10/31/content_26958093. htm.

［149］中国将进入非常规天然气大开发时代. 中亿财经网,2016 - 10 - 20 讯. http：//
business. sohu. com/20161020/n470826257. shtml.

［150］中国能源棋局中的拉美. 中国页岩气网,2014 - 08 - 08. http：//www. csgcn.
com. cn/news/show - 45952. html.

［151］中企获巴西最大深海油田开采权. 环球网,2013 - 10 - 23. http：//finance.
Huanqiu. com/roll/2013 - 10/4477451. Html.

［152］中国页岩气产业发展现状及对策建议. 中国经济新闻网,2016 - 05 - 18. http：//
news. Cnpc. com. cn/system/2016/05/18/001593069. shtml.

［153］中国页岩气储量全球第一　全部开采或是灾难. 2014 - 09 - 03. http：//
wallstreetcn. com/node/207784.

［154］张季风. 日本经济蓝皮书. 北京：社会科学文献出版社,2015.

［155］张季风,张淑英. 日本能源文献选编：战略、计划、法律. 北京：社会科学文献出
版社,2014.

［156］张季风. 日本能源形势的基本特征与能源战略新调整. 能源研究,2015(9).

［157］周靖华. 我国页岩气开发前景胜过煤层气. 中国石油新闻中心,2011 - 04 - 01.
http：//news. cnpc. com. cn/epaper/sysb/20110401/0053779004. htm.

［158］祝佳,汪前元,唐松. 欧盟能源供给安全：现状分析和前景展望. 广东外语外贸
大学报, 2012(4).